优雅女人的气质修炼课

周凌霞————编著

北京理工大学出版社
BEIJING INSTITUTE OF TECHNOLOGY PRESS

版权专有　侵权必究

图书在版编目（CIP）数据

优雅女人的气质修炼课/周凌霞编著.—北京：北京理工大学出版社，2016.11
ISBN 978 – 7 – 5682 – 3230 – 2

Ⅰ.①优… Ⅱ.①周… Ⅲ.①女性 – 修养 – 通俗读物 Ⅳ.①B825-49

中国版本图书馆CIP数据核字（2016）第245161号

出版发行	/ 北京理工大学出版社有限责任公司
社　　址	/ 北京市海淀区中关村南大街5号
邮　　编	/ 100081
电　　话	/ （010）68914775（总编室）
	（010）82562903（教材售后服务热线）
	（010）68948351（其他图书服务热线）
网　　址	/ http://www.bitpress.com.cn
经　　销	/ 全国各地新华书店
印　　刷	/ 三河市南阳印刷有限公司
开　　本	/ 710毫米×1000毫米　1/16
印　　张	/ 15
字　　数	/ 179千字
版　　次	/ 2016年11月第1版　2016年11月第1次印刷
定　　价	/ 32.80元

责任编辑／王晓莉
文案编辑／王晓莉
责任校对／周瑞红
责任印制／马振武

图书出现印装质量问题，请拨打售后服务热线，本社负责调换

前言

生活中，我们常常会发现这样一种女人，她们长得不算出众，甚至跟美女一点也不搭边，但是，她们却比真正的美女还有魅力。在人群中，她们总能成为焦点，因为她们在举手投足间能够释放出一种强大的气场，吸引周围人的眼光。而这种气场正是来自于她们优雅、高贵的气质。

什么是气质？说起来有点宽泛，有点虚无，它的意义虽然深刻，但却很难用精准的语言来表述。如果非要给出一个解释，气质可以说就是一个人的身上散发出来的独特魅力。外貌、装扮，甚至是说话的语调，我们都是可以模仿别人的，但唯独气质是无法模仿的。容颜会随着时光渐渐老去，装扮也总有跟不上潮流的时候，但是气质却是历久弥新的，它不会随着时光淡去，反而会随着时间的沉淀变得越来越厚重，越来越无可比拟，越来越充满魅力。

拥有优雅迷人的气质，可以让二十几岁的青春女孩们更加灵动，可以让三十几岁的轻熟女们更加妩媚，可以让四十几岁的成熟女人更加淡定……总之，气质对于女人是非常重要的。对于天生丽质的女人来说，美貌是天生的，但如果没有气质作为底蕴，这种美貌会显得枯燥和轻浮；而对于资质平平的女人来说，本就没有了天然的资本，如果再没有气质的点缀，那人生必定会黯淡许多。

虽然气质对女人来说如此重要，但是，气质的养成却没有那么简单，也不是一朝一夕就能够完成的。虽然气质很难养成，但我们在生活中却常常很轻易就能分辨出哪些人是有气质的。比如说，很多时候，我们看

优雅女人的气质修炼课

到一个女人，满身名牌，珠光宝气，但是在她身上却丝毫感受不到气质的存在。相反，有时候，一个女人哪怕只穿着一条简单的长裙，脸上略施粉黛，我们也可以从她身上感受到独特的气质。气质就是这样一种可以让人小中见大的引力。一个有气质的女人，会让人在见到她的第一面时就对她产生好感。

关于气质，人类学家David曾经说："气质就是穿插在一个人为人处世的方式中，能提升整体存在感的品质，是她给别人留下的深刻印记：她的外表、她的言笑、她的生活方式……"总之，气质是女人最动人的闪光点，是女人获得幸福的重要资本。不过，修炼出优雅动人的气质对于女人来说，则是一段艰难而又漫长的旅程。

《优雅女人的气质修炼课》全书分为八章，分别从智慧谈吐、形象管理、社交艺术、修养内涵、淡定心态、品质生活、经营爱情和婚姻以及优雅理财八个方面，揭示了优雅女人修炼气质的一些小秘密、小方法——如何打造魅力得体的外在、如何修炼优雅迷人的内在、如何给人留下良好的印象、如何追求有品质的生活、如何成功处理两性关系，等等。同时，书中还包含了大量的实用技巧，有能使肌肤容光焕发的护肤圣经，有最偷懒的保持身材的方法，有让声音、仪态变得高贵优雅的修炼法……有了这些方法和技巧，你将永远不会出错，由内到外成为有气质的优雅女人。

如果你是一个对生活有要求、有期待的女人，请尽早修炼你的气质吧。

这本充满启迪的女性之书宛如一枚指南针，在拓展你的眼界的同时，还能让你在不知不觉中发生思维的转变，令你意识到气质是如何形成的、优雅是如何修炼的。阅读本书，可以提升你的自我素养，当你精心改善这些简单而容易被忽视的小细节，将彻底创造一个没有自卑，没有自负，没有羞涩，反而充满优雅气质又能够活出最好的生命姿态的自己。

第1章

智慧谈吐，让好口才为气质加分

赞美是世上最动听的声音 _ 002

幽默的女人，人中极品 _ 005

学会倾听，你的口才能满分 _ 008

忠言也可以不再逆耳 _ 011

有时候，沉默比语言更有力量 _ 014

心直口快，烦恼多多 _ 017

说三分，留七分 _ 020

宁在人前骂人，不在人后说人 _ 022

切忌轻言妄断，随意评判 _ 024

拒绝别人是一门学问 _ 026

第2章

优雅的气质，源自你的形象

微笑是你最好的形象名片 _ 030

优雅女人的气质修炼课

声音，是女人灵魂的敞露_033
你知道自己应该怎么穿衣服吗_036
悉心呵护，一直保持如水肌肤_039
合适的妆容，让丑小鸭变成白天鹅_042
保养你的纤纤玉手_045
为你的秀发每天做SPA_047
优雅仪态，需要修炼_050
与时尚保持"零距离"_053

第3章

熟谙社交艺术，会办事的女人最有魅力

精心打造一张人脉关系网络_058
懂得充分利用自身优势_061
社交场合要有时间观念_063
掌握人际中的"面子哲学"_065
懂礼貌，也懂麻烦人_068
忍无可忍，从头再忍_071
给别人台阶，就是给自己后路_073
关系这把刀，需要常常磨_075

第4章

好气质缘于好修养，
做灵魂有香气的女子

让自己成为一个有修养的女人 _ 080

学会高贵，尽显优雅 _ 083

修炼成从容自信的女人 _ 086

谦虚的女人处处受欢迎 _ 089

懂得感恩，人生会少很多障碍 _ 092

收起锋芒，做个闪光而不耀眼的女人 _ 094

成熟可以，但不要老于世故 _ 097

做一个保守秘密的女人 _ 100

一本书，可以让女人的灵魂得到升华 _ 103

第5章

心平气和，
拥有好心态才有好气质

慢下来，细细品味生活 _ 106

守住本心，不要被物欲迷惑 _ 109

做好幸福的减法运算 _ 112

不要每天像赶集一样活着 _ 115

优雅女人的气质修炼课

不要道听途说，切身的体会最重要 _ 118

别人不赞美你，你赞美自己就可以了 _ 121

跳出攀比的死循环 _ 124

第6章

追求品质生活，从简单中采撷情趣

适合自己的姿态才是最美的 _ 128

选择你所爱的，爱你所选择的 _ 131

用激情唱响美好的明天 _ 134

喝酒的女人，非池中之物 _ 137

喝茶的女人，别有一番情调 _ 140

让香气浸透到你的灵魂里 _ 143

会"作"的女人才能品味生活的真谛 _ 146

一个人去旅行，风景会更美 _ 149

健康，是女人美丽的底色 _ 152

精致品位，是对生活的尊重 _ 156

有份工作，女人才更有底气 _ 159

第7章

学会爱，努力爱，
经营好你的爱情和婚姻

有花堪折直须折，莫待无花空折枝_164

学会撒娇，做女人中的精品_167

学会在爱情中维护男人的尊严_170

失恋可以让女人瞬间长大_172

不要成为人人唾弃的"第三者"_176

爱情中，女人的尊严同样重要_179

追求完美，会让爱僵死_182

"床头吵，床尾和"，夫妻吵架也要有情调_185

学会"放风筝"，婚姻更幸福_188

保鲜婚姻，你要用点小心计_191

情敌不可怕，妙招对付她_194

爱婆婆，要像爱自己的妈_197

第8章

学会理财，
你才能优雅富足一辈子

理财对女人的意义_202

优雅女人的气质修炼课

学会理财从记好账本开始 _ 205
合理存钱是理财的基础 _ 208
"月光公主"并不是浪漫的代名词 _ 211
不要让自己变成"购物狂" _ 214
信用卡理财——精明女人的理财方式 _ 217
高额投资有风险，进入需谨慎 _ 220
做好家庭中的"财政部长" _ 223
经济独立，让女人活得更优雅 _ 226

第1章_
智慧谈吐，让好口才为气质加分

语言是一门艺术，它就像一把双刃剑，既可以成就人，也可以毁灭人。有气质的女人大多深谙语言之道，她们谨言慎行，灵活从容，所以能够活出精彩的人生。而一个不善于此道的女人，有可能会把一件并不难解决的矛盾复杂化，甚至造成更大的误会，给自己的工作和人生都带来许多不必要的麻烦。因此，女人在与人交往中，一定要用好语言这把双刃剑，这样才能够在气质的修炼和成功的道路上获得双赢。

优雅女人的气质修炼课

赞美是世上最动听的声音

现实生活中，我们大多数人或多或少都是要通过别人的肯定才能肯定自我的，而赞美无疑是肯定别人的最好方式之一。每个人都需要赞美，女人如此，男人亦如此。

对男人来说，成功的最终体现大多表现为荣誉、名望、鲜花和掌声，但这些只能表示他们在男性世界里拥有了自己的地位。而如果能够得到女人的赞美，则意味着他们同样通过了女性标准的检验，这会让他们备感愉快，获得更大的成就感。所以说，男人都希望能够得到女人的赞美，无论是在生活中还是工作中。

对女人来说，得到男人的赞美相对来说比较容易，但得到同性的赞美却有些难了。因为女人大多嫉妒心都较重，所以一般不会轻易去赞美在某一方面超越自己的同性。即使把赞美的话说出了口，也多半带着揶揄的口吻。因此，如果女人能够得到女人真心的赞美也是一件令人愉快的事。

由此看来，女人的赞美无论对于男人还是对于同性来说，都是非常重要的一种肯定。所以，身为女人的你，有什么理由不去对别人大加赞美呢？这样不仅可以让对方感到愉快，最重要的是，你也可以因此获得许多友谊，而这些朋友会在今后你需要帮助的时候伸出援助之手。

宣传部的美美和销售部的亚丽是同一时期来到这家公司的，刚来公司不久的时候，二人之间发生了一些不愉快，半年过去了，她们之间的关系一直没有缓和。

有一天，美美私下里对人事部的同事心洁说："你去告诉亚丽，让她改改她的坏脾气，否则不仅是我，公司里的其他人也不会愿意理她的！"

心洁微笑着说："别生气，我会处理好这件事。"

那天之后，美美再在公司里遇到亚丽的时候，发现亚丽好像变了一个人，不再对她横眉立目，也不再对她视而不见了，反而变得和气又有礼，跟以前相比，简直判若两人。

美美好奇地问心洁："你是怎么跟亚丽说的？竟有如此的神效！"

心洁笑着说："我跟她说：'有好多人称赞你，尤其是美美，说你又温柔又善良，还善解人意。'如此而已。"

心理学家说，每个人走出家门，想要融入外面世界与工作中都是为了寻求对自己的肯定。身边太多的事实告诉我们，与人相处的过程中，假如我们对别人表示有信心，对方真的也相信自己能做到，那么，一定会找到办法来完成我们确定的目标，这就是赞美的力量。

那么应该怎样去赞美别人呢？一味地说好话自然不是最好的办法，而且难免会有谄媚的嫌疑。其实赞美别人也是有一些小方法的。

赞美的同时给予鼓励。每个人都希望得到别人的支持和鼓励，这是除了自信之外同时需要的一种"他信"。来自女人的鼓励，可以让男人对未来充满信心，也可以让女人坚强起来。所以，在赞美别人的同时，也不要忘了鼓励一番，让对方得到肯定之后，对未来的生活和工作也充满信心。

赞美的同时表达出你的关心。如果对方在工作上取得了很好的成绩，你在赞美对方的时候可以顺便让对方多注意身体，不要为了工作太拼命。关心与体贴是女人的天性，它们如同拂面而过的微风，又如沁人心脾的花香，会在不知不觉中渗入对方的心田。这样的女人有谁能不把她引为知己呢？

赞美的时候不要贬低对方的对手。甲乙"对阵"时，最后甲赢得了胜利，这时候你的赞美一定会让他更加春风得意。但赞美的同时，你千万不要大肆指责或者贬低他的竞争对手，因为这会让他意识到贬低他的对手其实也是在暗示他的"无能"。

间接赞美比直接赞美更有效。"我听说你又签了一个大单子，你真棒！""经常听别人说你温柔漂亮，今天一见果然名不虚传呀。""怪不得大家都说你很优秀，现在我算相信了。""我曾在报纸上读过你的专访，你的精神真让人钦佩！"……这种借他人之口表达赞美的方式充满了感性，不仅达到了赞美对方的目的，还让对方从侧面感受到你对他已经关注很久了。

女人的赞美会像阳光一样照亮别人的心灵，不仅可以使对方精神愉悦，还能催对方奋发上进。所以，女人不应该再吝惜赞美，而应该把它们毫无保留地用在别人身上。赞美不用花钱，又可鼓舞人心，让人快乐，并为你赢得友谊，还可以为你的气质魅力大大加分，何乐而不为呢？

幽默的女人，人中极品

一个女人，如果她温柔、妩媚而且善于交际，那么她必定受人欢迎，但如果她同时也很幽默，那么就可以称得上是气质绝佳的"极品女人"了。

然而，根据马考夫博士的观察发现，大多数女性的幽默细胞都非常少，因为在她们看来，表现出幽默的样子会让自己看起来有些可笑，还会因此受到别人的轻视。还有一些女人认为，如果自己总是表现出幽默的样子，会显得轻浮，从而受到不礼貌的对待。所以，在她们看来，必须时时刻刻严肃一些，与幽默保持安全距离。

于是，幽默在很大程度上成了男人的长项，而女人似乎只有当听众的份儿。可是有人说，女人如果没有幽默感，就像花儿没有香味一样，只有外形而没有内在的神韵。而一个具有幽默感的女人，即使她不漂亮，不温柔，但是当她俏皮地幽自己一默，当她勇敢地自嘲几句的时候，也会显得动感且迷人。如今，生活中不缺乏精明能干的女人，但她们大多如古时的大家闺秀一样"不苟言笑"，让人难以接近；而那些具有幽默感的女人却可以用轻松诙谐的语言轻松化解对环境的不满，适度而合理地调整自己和别人的心情。

所以，幽默是上天赐予女人的美丽法宝，因为女人的幽默不仅能够传递出女人心里的欢愉，也是她们赠送给世界的一份美好礼物，可以"传染"给她们身边所有的人，让人们在保持愉快心境的同时，也深深折服于女人

优雅女人的气质修炼课

的美丽智慧。

梅香是一家公司的总经理秘书,她每天的工作除了整理文件之外,还要应付一些杂事,比如接电话,招待总经理的访问,等等。因为每天要接好多电话,所以她经常会碰到一些难题。而每一次梅香都会用自己的幽默轻松地将其化解掉。

有一次,有人打来电话找总经理。

"我要和你们总经理说话。"对方语气有些强硬。

"我可以告诉他是谁来的电话吗?"梅香不愠不火地问道。

"不要浪费时间,快把电话接到总经理办公室,我马上要和他说话!"对方明显已经有些不耐烦了。

"很抱歉。我们总经理似乎有些不划算,因为他花钱雇我来是接电话的,可是十个电话中却有九个是找他的。"梅香笑着说。

听了这话,对方在电话里笑了,然后他把自己的姓名和单位告诉了梅香。

很多时候,幽默就是这样一种积极乐观的人生态度,它总是可以给我们的生活和工作带来快乐、温暖、爱心和希望。作家王蒙说过:"幽默是一种酸、甜、苦、咸、辣混合的味道。它的味道似乎没有痛苦和狂欢强烈。但应该比痛苦和狂欢还耐嚼。"所以说如果有了幽默当调味品,那么女人的生活更会有"味道"。

一个幽默的女人,也一定是个热爱生活的女人,她会用笑声去感受生活,去化解生活或工作中的一切问题或矛盾。这样的女人身上会散发出一种淡淡的从容,这样的女人也必然自信优雅。

既然幽默的女人很受欢迎,那么该怎样才能做到诙谐幽默呢?首先,要多和有幽默感的人接触。俗话说"近朱者赤,近墨者黑"。平时多结交一些具有幽默感的朋友,并与之保持经常的联系,那么对于你的幽默感的养成和提升是大有益处的。其次，可以多看一些有关幽默的书籍或报刊。看书是获取知识养料的一条重要途径，所以多看一些有关幽默的书，自然也会增添几分幽默细胞。再次，如今网络资讯发达，你也可以从网上获取一些健康有益的笑话，巧妙地运用到自己的生活或工作中，去活跃气氛，调节情绪。最后，还要把握住听者的心理和合适的时机。幽默也并不是万试万灵的仙丹妙药，所以也不要不分场合、不看情况地乱用一气。那么该如何使用呢？关键在于把握好听者的心理并掌握好适当的时机，那样你的幽默才会起到事半功倍的效果。

幽默的女人，都有一种豁达的情怀，对一切事物都看得透彻。如此一来，面对困难时，她们不会因害怕而畏缩，因为通透，所以乐观。原来生活就是那个样子的，你为难也好，困苦也罢，其实都可以一笑了之，所有的问题都可以在笑谈中灰飞烟灭。要想成为一个可爱的、有魅力的气质女人，就不能不成为幽默的女人。所以，女人们要培养一颗细腻的心，每天在身边去寻找快乐元素。只有一颗善于发现快乐的心灵，才能给周遭的人带来乐观的情绪，传递内心的幸福。所以，作为女人的你一定要学会幽默，那样你的生活才能富于情趣，才会充满温情、欢悦和幸福。

优雅女人的气质修炼课

学会倾听，你的口才才能满分

幽默的女人会更受欢迎，会赞美人的女人也总是很讨人喜欢，不过，无论是幽默还是赞美都需要一定的口才，这样说出来的话才会打动人心。但有时候，不说话也可以被视为一种"好口才"，这就是倾听的力量。做一个有耐心的倾听者是谈话艺术中需要掌握的一个重要方面。一个能静坐下来倾听别人倾诉的女人，往往具备谦虚柔和的性格和成熟深邃的思想。这样的女人也许最初在人群当中毫不起眼，但随着时间的推移，往往会成为人群中的焦点，成为最受人们欢迎和喜爱的那种人。懂得倾听的女人很谦虚，懂得倾听的女人善于思考，所以她们会很容易让人产生信任感。被人喜爱和信任，又是哪个女人不希望的呢？

所以说，一个会说话的女人往往也是一个高明的倾听者。如果女人只顾自己高谈阔论，从不去仔细聆听别人的心声，那么即使她其他方面都非常优秀，也很难受人欢迎。

倾听别人的心声关键在于谈话时要尽量寻找对方感兴趣的话题，因为每个人都希望得到别人的关心，如果你能真正注意到对方所关注的话并把它自然而然地引出来，那么就很容易获得对方的好感，甚至不用一言一语，几个眼神，几个表情就足够了。

一位著名的女节目主持人曾这样说："主持节目这么多年，我得出一个经验，凡是别人说的那种'跟她谈话很愉快'或'她说的话很清楚'的人，通常她们在谈话时的发言时间只有别人的三四成，而其余时间都是在听别人说话……"

看来，做一个倾听者在人际交往中是十分重要的，也是十分必要的。现实生活中，很多女人虽然知道倾听的重要，却因为不熟悉这其中应该遵循的规则，结果没能成为一个合格的听众。所以说，做一个善于倾听的人并不是在别人说话时一声不吭，这个"听"字其实是很有讲究的。

倾听时要专注。听别人说话的时候，一定要全神贯注，眼神不要左右飘忽，而应该注视着对方的眼睛；也不要紧张或是坐立不安，或者虽然目光与对方相对，但思绪却早已不知飘到哪里。否则，当对方突然征求你的意见时，你可能会因为没听清对方的话而遭遇尴尬。

倾听时要懂得适当插话。真正的倾听应该是富有生命力的"积极倾听"，而不是毫无生趣的"木讷呆板"。所谓"积极倾听"就是在别人说话时，虽然你不便插话，却可以配以生动的表情或者适当的肢体动作来表现你的积极主动。

要懂得适时的插话。要记住，你的插话最好能在对方停顿的间隙说出来，而且要简短，然后再把谈话的主导权还给对方。切忌因为一句插话而把对方的发言权"抢"过来，然后滔滔不绝地说个不停。

在倾听的时候不要随便指出对方的错误。谁都会犯错，但是，即使你发现了对方的错误也不要轻易地提出来，因为这样做很可能会伤及对方的自尊心。即使提出来也要讲究时机和态度。否则，好事也会变坏事。

要学会巧妙地转移话题。如果你谈话的对象说起话来总是滔滔不绝，所说的话题又是你毫无兴趣的，而且把时间浪费在这上面又有些不值得，那么这时候你就要考虑一下用适当的方法来停止这个乏味的话题了。但同时要注意不能伤及对方的自尊，如果能巧妙地引出下一个对方感兴趣同时你也喜欢的话题，那就能达到"双赢"了。

优雅女人的气质修炼课

　　当然，要想成为一个合格的倾听者，你还必须练就忍耐的美德。如果你的谈话对象是一个记性不太好的人，总是在不同的时间和你重复同样的话题，这时候你就要学会忍耐了。如果这时候你不耐烦地说："拜托，这件事你已经讲了几百遍了，求你能不能来点新鲜的。"那么肯定就会伤了对方的自尊心，进而影响你们友情。

　　倾听的艺术一旦掌握，会很容易让对方视你为知己，当对方把内心的感受都说出来与你分享的时候，也就是把你当作知交的时候。所以，在如何掌握倾听这种技巧上面，你一定要多花些心思。当你成为一个真正的倾听"高手"之后，不仅你的魅力气质会因此大大增值，还会因此拥有更多的朋友。

忠言也可以不再逆耳

相信大家都明白"良药苦口利于病,忠言逆耳利于行"的道理。但是在现实生活中,很多人对别人的忠告却都很反感。忠告为什么听起来总是不顺耳呢?道理其实很简单。因为一般来说,我们都很容易受感情支配,也就是说即使我们心里有比较理性的认识,但还是会受反感情绪的影响,从而难以听进别人理性的忠告,尤其当这种忠告还十分"逆耳"的时候。其实,有时候良药未必苦口,忠言也未必逆耳,就看你是否能够把握忠告的分寸了。

新学期开始了,希望小学新调来一位教数学的女老师,名叫秋灵。秋灵老师刚刚师范毕业,是个自尊心很强的姑娘,所以她对学生们的要求很严格,希望自己的学生个个优秀。

开学一个月之后,数学进行了一次小测验,可是结果却不太理想,班上有一半学生没及格。这件事让秋灵老师很伤心,晚上她一个人躲在宿舍里偷偷地哭了,心里也在抱怨学生们不争气。第二天,她让学生把卷子拿回去给自己的家长看,还让家长写意见并签字。她想用这种方法敲敲家长们的警钟。

好多家长看到孩子拿回来的试卷都很纳闷:原本学习成绩还可以的孩子,怎么突然间会不及格呢?仔细询问之下家长们才知道,原来秋灵老师的课程进度太快,班里大多数学生都跟不上她的"节奏"。

优雅女人的气质修炼课

于是,有的家长坐不住了。小丽的妈妈直接来到学校找到秋灵老师,并对她说:"秋灵老师,我向你提个意见,你能不能把课程讲得慢一点,正因为你讲得太快,我家小丽有点跟不上,所以这次成绩才这么差。"秋灵老师本来就为学生的成绩不理想而烦恼,听小丽妈妈这么一说,心里更不舒服了:"学习不好就怨这怨那,你这是找客观理由。根本原因是小丽的接受能力差。"小丽妈妈一时语塞,很不高兴地走了。

其实秋灵老师说的也并不是真心话,只是小丽妈妈的话说得有点太直接,伤害到了她的自尊心。

第二天,小明的妈妈也来到学校找秋灵老师,当然也是为了讲课进度的问题。跟小丽妈妈相比,小明妈妈就十分讲究说话的方式方法:"我有个朋友的孩子在城东的一所小学上学,和小明是同一年级。他们那儿的数学课教得太慢,四周才教了20页,小考成绩虽然不错,但还是不能跟你的班级比。因为你已经教了快40页了,比他们差不多多教了一倍。"

秋灵老师当然听明白了小明妈妈话里的意思,其实这次考试之后,除了有些烦闷,她也进行了反思,也意识到了自己的课程教得有点快了。从那之后,她就放慢了教学进度。在接下来的一次小考中,同学们都取得了不错的成绩。

虽然古训说得好:"闻过则喜。"但要想让别人对你的忠告感到心悦诚服却是不容易的。同样是劝告,小丽妈妈的简单直接遭到了老师的驳斥,因为她的话伤及了老师的自尊心;但小明妈妈的劝告却十分巧妙,既没有伤及老师的自尊心,又促使老师改正了缺点。由此可见,在对别人进行忠告的时候,一定要把握尺度,讲究说话的方法,最好能含蓄、委婉地表达出来。凡事都有方法可循,让忠言不再逆耳同样如此,下面一些小方法应该能够帮助到你。

向别人提出忠告时,别忘了表扬。美国著名企业家玛丽·凯在《谈人的管理》一书中曾这样写道："不要只批评而不赞美。这是我严格遵守的一个原则。不管你要批评的是什么，都必须找出对方的长处来赞美，批评前和批评后都要这么做。这就是我所谓的'三明治策略'——夹在两大赞美之间的小批评。"在提出忠告或批评之前，先肯定对方的某些成绩，提高他的自尊和自信。这样一来，对方会很容易接受你的忠告，并以积极的态度对待。

向别人提出忠告时，还要实事求是。比如说，在事情没了解清楚之前，不要随意提出忠告，这样很可能会让对方"蒙冤"，同时也很难让对方信服。所以在忠告之前一定要弄清事情原委，这时候提出来的忠告才会有理有据，才能让对方心服口服。

向别人提出忠告时，不要拿对方与别人比较。提出忠告的又一重要原则是不要以事与事、人与人相比较的方式提出忠告。因为这时候，你往往会拿别人的长处与对方的短处相比较，这样很容易伤害对方的自尊心。那么你的忠告不仅不会起作用，还很有可能会适得其反。

提出忠告也要因人而异。心理学家将人的性格分为外向型和内向型两类。外向型性格的人活泼开朗，善于交际；内向性格的人恬静孤僻，处事谨慎。所以，在提出忠告时你要因人而异。对前者，你可以直率一些，说话要干净利落；对后者则要委婉一些，措词要注意斟酌。这样，才有可能达到事半功倍的效果。如果对方两种性格兼而有之，你便要随机应变，巧妙应对。

正如苦口的良药和不苦口的良药放在一起，大家都会选择不苦口的良药一样，悦耳的忠言和逆耳的忠言比较起来，大家都会选择悦耳的忠言。

所以，当你在给对方提出忠告时一定要讲究方式方法。毕竟，即使你的忠告再有建设性，再有价值，如果不被对方所接受也是惘然。

优雅女人的气质修炼课

有时候，沉默比语言更有力量

会说话的女人在交际场中总是很受欢迎，她们时而巧笑嫣然，时而妙语连珠，时而直言洒脱……总之，一副好口才的女人总是可以左右逢源，游刃有余。但这并不是说，一副好口才在任何时间、任何场合都能够应付自如，其实在某些状况下，保持沉默要比口若悬河更能够压住场面。那么，需要我们保持沉默，伺机而动的情况都有哪些呢？

当你遭遇"有口难辩"的情况时，沉默可以在很大程度上帮助你渡过难关。生活中，我们都难免遇到这样的烦恼：在某种观点或某件事上，你原本很有理而且也没犯错，却不知道为什么会有些"有理说不清"。为什么会这样呢？原因就是，面对这些质疑的时候，你总是急着想要表白，以便让真相公之于众，用以维护正义、主持公道或者让自己得到认可，避免他人的误解。但如果你遇到的恰恰是一些不明事理或者故意不买你账的人，那么无论你怎么辩白也都无济于事，甚至还可能会"越描越黑"。所以，这时候，不妨干脆保持沉默，是非公道由众人评说。如此一来，不明事理的人或许就会有所省悟，而那些不买你账的人也不会再轻视你。

当你的意见陷入孤立的时候，最好保持沉默。当你经过深思熟虑之后，对某个人或某件事提出了自己的意见时，当然是希望能把它正确传达出去，如果别人都能了解它、接受它那是再好不过了。但是，在一个群体中每个人都有自己的见解和意见，所以你的意见未必能被所有人接受。如果赞成的人占了一大半，那么你还可以继续尽情地抒发己见，而如果你的意见遭到了大多数人的反对，那么不管你的意见是正确也好、错误也罢；深刻也好，肤浅也罢，你都没有再坚持下去的意义了，最好的办法是暂时保持沉默。屈服于"少数服从多数"有时候是一种缓兵之计，待时过境迁之时，真理自然明朗，如果你的意见确实是真知灼见，那么迟早会被别人认可和接受。

当与你谈话的对象正在气头上时，你也最好保持沉默。当有些人在发表意见、阐述见解时情绪激昂、言辞激烈的时候，不论他说的是真知灼见还是偏激谬论，你都不要轻易发言。这是因为，如果他说的是真知灼见，那么一定会因此而长篇大论一番，用以满足自己的表现欲。如果你妄加评论，即使意见亦为真知，也会被他认作浅见；即便他的言辞有些偏激，而且谬误颇多，他也未必察觉，甚至有时"明知故犯"，目的就是为引人注意，这时候如果你妄加批评，那么多半会惹他恼怒，从而对你言语相加。所以，这时的上策也是保持沉默。待他平复激昂的情绪之后，你再平心静气地和他推心置腹，效果就会好很多。

当谈话对象蛮横无理时，你也要保持沉默。蛮横的人最突出的个性特征就是，一切都自己说了算，对别人的意见哪怕是具有建设性的高见也根本听不进去，而且他们也不允许别人在他们面前出头露脸。当遇到这种人的时候，无管你的口才有多好，把问题分析得多透彻、多精彩，他也会对你嗤之以鼻，甚至因厌生妒。其实，专横的人也和普通人一样希望得到别人的认可和尊重，所以，在他们面前你最好保持沉默，任他唾沫四射、声嘶力竭，你自低头不语，一脸"崇拜"。这种以柔克刚、以静制动的方法，会让他自动泄下气来。待他冷静之后，你再乘机略陈己见，反而常常有反客为主之效。

之所以把交际中的适当沉默称为"沉默术"，是因为它确实可称为一种艺术。但凡艺术总是要讲究分寸和火候的，不可滥用无度。正如黑格尔所说："一切人世间的事物，皆有一定的尺度，超越这尺度，就会招致沉沦和毁灭。"所以，不仅要在适当的时候学会使用"沉默术"，更要把握好沉默中的"度"。比如说，保持沉默应该是暂时性的，只是根据交际的需要而适当采取的一种方法，并不应该是永久性的。如果，不管在任何场合，任何情形之下，你总是沉默不语，那么给人的印象就不是沉着冷静，而是木讷寡言了。再比如，如果只是一味地保持沉默，而没有任何必要的后续措施，那么你的沉默也可能变得"一文不值"。所以，在沉默过后，还要与适当的解释与行动结合起来，这样才能让之前的沉默发挥效用。

总之，沉默从某种意义上说，应是一种准备和酝酿，是等待时机之举。应把它理解为一种手段，真正目的还是把你的所想发表出来、实施出来。如果你的认识和意见有某些疏失和不足，也可得到一个检测、反省的机会，从而补充、完善、修正起来。

心直口快，烦恼多多

生活中，我们常常会碰到一些刀子嘴豆腐心的女人，不可否认，心直口快的大都不是坏人，而且人们有时候还会给"心直口快"的人加上一些赞誉，说她们性情好爽朗，心口一致，不搞两面派。但是说实话，生活中真正喜欢心直口快的人应该并不多。

随着年龄的增长，我们会越来越明白，人们厌恶心直口快，其实与善恶无关，真正的坏人在我们在生活中几乎是遇不到的，这里所说的心直口快关乎的是成熟与幼稚的问题。心直口快的人，在为人处世时大多显得有些幼稚，和这样的人相处，我们会很累，也很容易被伤害。相对于男人，女人似乎更容易犯这个毛病。

这种不成熟多半是缺乏责任心的表现，一些家境优越的漂亮女人尤其容易表现出这样的性情。她们从小过惯了养尊处优的日子，婚前、婚后不愁吃穿，不知道生活的难处，也不知道事业打拼的辛苦，这样的环境便很容易让她们养成说话从不考虑别人感受的坏习惯。而且，因为大多数时候不用看别人的脸色，所以也让她们产生了一种错觉，认为自己很强大，别人不敢违逆自己的意思。但实际上，她们的这种说话方式是十分讨人嫌的。熟悉她们或跟她们十分要好的人，或许不会过于在意她们说话的方式，但对于不熟悉她们的人来说，这种说话方式就是不能被接受的了，因为这些话很不中听，很伤人。

优雅女人的气质修炼课

　　美香是一家公司总经理的业务秘书。按理说，做助理工作的人都要养成唯领导是从的做事风格，但是美香却是个例外。她很喜欢多管闲事，不论是不是自己负责的都要插上一脚。表面上看起来，她是个工作认真负责、眼里容不得沙子的人，但实际上她在其他同事眼中却是一个"万人嫌"。她很爱主持公道，比如说，发现有同事多报差旅费，或者某项奖金分配不公，或者某个同事的工位脏乱差时，她总是会当面指出来，弄得对方非常尴尬，甚至下不了台。时间久了，同事们都开始躲着她。领导为此也找她谈过几次话，告诫她要清楚自己的位置，不该管的事情不要插手。可是她却对领导说："什么位置不位置的，人人平等。我是做工作，不是看人脸色吃饭的，大不了不干了。"

　　心直口快的人就是这样，凡事只顾自己的感受，敏感又脆弱，反映到工作中，这就是极其不负责的表现。正因如此，她们在与人相处时，往往首先会在心理上做好防御的姿态，并且随时准备做出反击。从心理学去分析，这是一种防御机制。她们在别人的问题还没有给自己带来伤害时，就已经提前发出了攻击，以此作为保护自己不受伤害的手段。心直口快带来的结果是很糟糕的，既伤害了身边的人，又伤害了自己，结果只能让身边的朋友越来越少。

　　有时候，女人很容易被表象迷惑，尤其是心灵尚未成熟的时候，那些外露、张扬、炫目的事物很容易把她们的心抓走，她们会觉得这些浮夸的风格是个性的体现，是优点。但是，当身边的人一个个变得成熟和谨慎，而且渐渐远离了她们的时候，不知道她们是否还能将这种风格一直坚持下去。要知道，并不是每个人都能像父母一样永远原谅我们的无知，永远对我们不离不弃。而且，有时候，如果我们在说话的时候总是不在意对方的感受，总是口无遮拦，言辞锋利，那么即使是亲人也会被我们伤害，也会对我们疏远。

但现实生活中，有些女人却始终认为心直口快是真诚的坦露，但是她们不知道，一个心智成熟的人是不需要通过这种带有攻击性的语言去表现自己的真诚的。不顾别人的感受，只顾表达自己的意见，为此不惜伤害身边的人，这并不是真诚。真诚里有爱，有保护，有遮盖，是在保护别人，也在保护自己。不用言语伤人，不对人妄自评价，我们自己也不会因此遭到误解和诽谤，这种习惯还能帮我们抵挡这个世界的很多恶意。

生活固然可以美化，但幼稚的事物被美化，就会对人的成长造成很大的阻碍。一个人如果没有点"藏污纳垢"的气量，在生活中也会寸步难行。

总之，心直口快是对世界和他人最简单粗暴的，也是最懒惰的处理方式，这其中没有任何技术和克制的成分，完全是一种责任的缺失。年轻的时候，我们可以少不更事，任性地表达自己。可是当我们迈过了三十、四十岁的门槛，难道还要继续这样想到什么就说什么吗？如果你还是这样任性，那么无论是爱情、友情，还是生活、工作，都不会太顺利。为了成长我们可以付出代价，但是这样的代价未免太大了。

优雅女人的气质修炼课

说三分，留七分

　　古人有训："为人且说三分话，未可全抛一片心。"就是说，说话时一定要给自己留有几分余地，不要逞一时口舌之快，把话说得太满，如果其中的尺度把握不好，就可能会给自己带来麻烦。相对于男人来说，女人更喜欢逞口舌之快，所以女人尤其要注意这一点，否则，很可能让自己陷入"自打嘴巴"的尴尬局面。

　　刘茜和张爽在同一家公司上班，两人都在策划部当助理。刘茜性格比较外向，爱说爱笑，不过个性也有点强势，在言语上从不会输人一分一毫。张爽则刚好相反，不仅性格有些内向，而且在与人辩论时总是"输家"。

　　公司规定，入职一年的策划助理就可以晋升为策划了。刘茜和张爽都是一年前进入公司的，所以她们俩都有了晋升的机会。

　　就在这时候，策划部接到了几个新项目。主任把这些项目交给了刘茜和张爽以及和她们一同进公司的几个策划助理。很明显，这是一次晋升考核。接受任务时，主任问刘茜："你有把握按时完成吗？如果没把握，我可以安排一个新来的策划助理和你一起做。""不用，不用，我一个人保证圆满完成任务，您就放心吧。"主任又问张爽，张爽则选择了和一个新来的助理共同来完成任务。同时她对主任说："我一定尽力完成任务。"她们的任务期限都是一个星期。

　　一个星期后，张爽和新来的助理圆满完成了任务，主任很满意。但刘茜却因为单打独斗而未能完成任务，最后，她用了两个星期才完成。原本刘茜想借机会显示一下自己的实力，可是她低估了工作任务的难度，结果搬起石头砸了自己的脚。

张爽顺利完成了任务，晋升为策划，刘茜只能继续当一个小助理。

又过了半年，有一次刘茜因为一点小事跟一个同事吵了一架，当时她很生气，对那个同事说："从今以后，我再也不会跟你说一句话，我要跟你断绝同事关系……"没想到，两个月之后，这位同事就变成了她的顶头上司。最后，刘茜灰头土脸地离开了公司，而平时总是把握说话尺度的张爽则在半年之后当上了部门的主管。

这个故事告诉我们，自己不能胜任的事情，千万不要轻易应允下来；而一旦应允了，就必须实践自己的诺言，也就是说不要把话说得太满。正如，杯子留有空间就不会因加入其他液体而溢出来，气球留有空间便不会因再灌一些空气而爆炸一样，人说话如果能留有空间，便不会因为"意外"的出现而下不了台。

具体来说，我们要注意以下两点：第一，与人交恶时，出言要谨慎，不要说出"势不两立"之类的话。不管谁对谁错，最好是闭口不言，以便他日需要携手合作时还有"面子"。第二，对人不要太早下评断，像"这个人完蛋了""这个人一辈子没出息"之类的属于"盖棺论定"的话最好不要说。人一辈子很长，变化很多，不要一下子评断"这个人前途无量"或"这个人能力不行"。

当然，具体情况还要具体对待，有些时候把话说绝也有实际上的需要，但除非真有这种必要，最好还是保留一点空间，这样既不得罪人，也不会把自己陷入困境，两全其美，何乐而不为呢。总之，要想做一个会说话的女人，记住多用中性的、不确定的词句就对了。

优雅女人的气质修炼课

宁在人前骂人，不在人后说人

俗话说："三个女人一台戏。"确实，三五闺蜜凑到一起，总免不了东家长、西家短地说几句闲话。这本无可厚非，只不过，背地里说的这些闲话也是要把握尺度的，如果没有尺度，随意乱说，甚至捕风捉影地胡说，那就有"长舌妇"的嫌疑了。"长舌妇"们聚在一起，总是会有很多是非，很少有人愿意靠近她们的"是非圈"，甚至很多人还会对她们表示鄙视。因此，"长舌妇"很容易成为"众矢之的"，遭人唾弃，讨人厌恶。

俗话说："宁在人前骂人，不在人后说人。"所以说，发现别人的缺点，你大可以用委婉的方法当面指出，劝其改正。切忌在背后说三道四，这样听者或许会想："你可以在我面前说别人的是非，也难保在别人面前不说我的是非。"而且，如果被当事人听到，后果就更糟糕了。所以，在日常生活中你不仅不要在背后说长道短，而且在遇到别人在你面前说另一个人的坏话时，你也要端正态度，用辩证的思维去思考这种事。让流言止于你处，你便是智者。

秀艳的两个朋友小美和小丽有一次因为一点小事吵了起来。事后，虽然表面上两个人都装出一副无所谓的模样，但背地里却都开始说对方的坏话。作为两个人共同的朋友，秀艳自然成了她们两个的发泄对象。

秀艳知道事情的来龙去脉，知道她们两个现在这样只是因为有些误会没有解开，等过一段时间，两个人都消了气，误会解开了，矛盾自然就会化解的。所以当小美对她说起小丽的坏话时，她总是尽可能地保持沉默，并在适当的时候说几句劝导的话；当小丽对她说起小美的坏话时，她也同样不对小美妄加评论，而且同样在适当的时候对小丽劝导几句。同时秀艳还特别注意一点，那就是：所有的"坏"话，无论是小美说的还是小丽说的，都让它们到自己这里截止，再不外传。

一段时间之后，小美和小丽都冷静下来，并且消除了误会，和好如初了。而正是因为秀艳处理得当，致使她们之间的矛盾才没有进一步激化，小美和小丽也自然都十分感谢秀艳，把她当成了最知心的朋友。

"静坐常思己过，闲谈莫论人非。"这是做人的一种修养，也是女人更应该具备的一种最起码的素质。俗话说，金无足赤，人无完人，世上没有十全十美的女人，女人身上总是存在着一些这样或那样的缺点，爱说闲话算得上是其中很显著的一点。如果你长得不漂亮，但只要温柔就可以；如果你不温柔，泼辣有时候也不失为另一种美。但是，如果你是一个"长舌妇"，那么即使你再漂亮、再温柔，也不会讨人喜欢，因为这个缺点足以抵消你所有优点。正如一个著名的美学家说的那样："要想成为一个有气质的优雅女性，就要千万注意，不可做一个长舌妇。不要陷入是非中。"一个喜欢在背地说别人闲话的女人，不仅跟气质毫无关系，而且还可能变成最俗气的女人。

"流丸止于瓯臾，流言止于智者"。因此，不仅不要在背地说人是非，而且在面对别人说的一些捕风捉影的闲言碎语时，也一定要慎重以待，不可听之任之。最好能以一颗平常心对待，这样既能显出自己大度，又让造事者"望而却步"。

优雅女人的气质修炼课

切忌轻言妄断，随意评判

现实生活中，聪明的女人很多，但懂得聪明而不外露的女人却不多。大多数自诩聪明的女人都多少有一些骄傲，在与人交谈时，也总是会表现出很积极的样子，对事物喜欢品头论足，而且说起来头头是道，不为别的，只是为了彰显自己的聪明。她们眼里总是看不惯很多事物，尤其是在年轻的时候，总是喜欢对事物妄下论断，还喜欢对人对事简单地定性。要知道，人的言语是很有力量的，说出去的话如同泼出去的水，一旦出口，它的影响力就会持续很长一段时间。

也许所有心性尚未成熟的人，都会本能地将一切光环加在人前显耀的人身上，而对身边的人产生忽视。女人就很容易被事物的表象迷惑，所以会经常以表面现象来评判一个，但这种评断大多时候都是有失偏颇的。

有一天，某大学的一间女生宿舍里发生了一件事。小雨钱包里的三百块钱不见了，住在小雨上铺的小秋认定是同宿舍的小叶偷的。大家问小秋为什么这么肯定，小秋说："看她平时说话做事畏畏缩缩的样子，家里也没什么钱，而且平日里我们出去逛街时就她待在宿舍里，除了她我想不到其他人。"可是因为小叶没有承认，所以这件事就成了无头公案。又过了一段时间，隔壁宿舍也发生了一次丢钱事件。老师和宿管配合起来进行搜查工作，最后查出来的偷窃者出乎了所有人的意料。偷钱的同学家里很有钱，平时出手也很大方，所有人都无法把她跟小偷联系到一起。后来，这个同学还承认，小雨丢的钱也是她偷的。

轻言妄断是我们长久以来自以为是的态度造就的。人只有少说话，才能形成说话的审慎态度，说话态度慎重了，人的情绪才能平和，言语才会简练，也才能把话说平、说圆。幼稚、偏激的说话态度会加重我们对事物认识的偏见，女人如果习惯了用自以为是的口气来说话，人生会多出很多障碍，不论做多少努力，最终都有可能功亏一篑。

喜欢轻言妄断的女人在人群中闲聊，一高兴就可能管不住自己的舌头，姐妹几个凑到一起，什么话都有可能从自己嘴里蹦出来，即便强忍住不说，被身边的姐妹推搡一把，就会露出自己的"本性"了。但是仔细想想，这种轻率的生活态度真的会让人喜欢吗？而且人和事往往是会变化的，给别人过早地定性本身就是一种轻佻幼稚的态度。

看看身边的人，再看看我们自己，有多少人因为轻言妄断而受苦，又有多少人至今还是那么喜欢论人长短而没有长进。年轻时人多多少少都会犯这样的毛病，待到自己痛过、悔过之后，我们才知道少说话、说对话的重要性。

优雅女人的气质修炼课

拒绝别人是一门学问

相对来说，女人总是感性多于理性，所以在面对别人的请求时，往往会很难拒绝。还有一些女人，不仅不会拒绝，反而会一口应承下来，她们觉得这样才是朋友该做的，而自己也会因为这种付出在交际场中更加得心应手。其实这么想是错的，帮助朋友无可厚非，但凡事要有底线，如在能力范围内，可以伸出援手，如果不在能力范围内，就不要打肿脸充胖子。尤其当对方提出一些过分的请求时，如果一味地应承下来，就有可能让把自己逼进"死胡同"，让自己"腹背受敌"，痛苦不堪。

徐玲是个性格开朗的姑娘，平时朋友有什么事情，她总是一马当先，热心帮忙。朋友春子经常有求于徐玲，可是春子是个不懂感恩的姑娘，徐玲每次帮她办好事之后，她连谢谢都不说，觉得朋友之间相互帮助是理所应当的，而徐玲也并不把这些放在心上。有时候春子的要求确实是徐玲很难办到的，但为了维护与春子的友情，她也只好甘愿"牺牲"，在各种条件不允的情况下还要创造条件帮助春子。后来有一次，春子又有一件事求到了徐玲，而这件事很难，徐玲动用了很多关系都没把事办成。没想到，春子却很不满意，不仅不再联系徐玲，还在背地里说她是"小气鬼""不够朋友"。最后，两人的友情走到了尽头。

徐玲就是一个典型的宁可伤害自己，也不想伤害朋友的"傻"女人，因为她不会对不合理的事情说"不"。真正会说话的女人都是深谙拒绝之道的，所以她们总是都能做真实的自己，她们也都活得非常坦荡。

学会说"不"，是一种自卫、自尊与沉稳，是一种意志和信心的体现，也是一种豁达与明智。当然，学会说"不"的同时，还要善于说"不"。也就是说，既要能拒绝别人，又不能让对方感到尴尬和难堪。一旦确定要拒绝对方，心意就要坚决，但拒绝的方法则不要过于僵硬。最主要的是要表达出你的诚意，并且让对方能够感同身受。

小玉的一个朋友要到新加坡去留学了，小玉给已经在新加坡定居的表姐打了一个电话，希望表姐能对她的同学多照顾一些。可没想到表姐却说："你对同学的这份热心值得表扬，但我并不想认识她。因为这里不是在国内，每个人的生活、工作基本上都要靠自己的努力，而不是靠别人。况且我已经有了一个志同道合的交际圈，而且最怕和陌生人打交道。所以，你要告诉你的同学，无论到哪里都要自立自强，无论有谁的照顾，最主要的还是要靠自己的努力。"表姐虽然很明确地拒绝了小玉，但她说出了自己的理由，所以小玉并没有因此而感到难堪，也没有责怪表姐。

这样的拒绝，可以说很坚决，但也很真诚。有时候，拒绝不等于无情无义，也不是一意孤行，而是一种人格与个性的完美结合。因此，虽然拒绝有时很难说出口，但其中也是有"道"可循的。

可以找借口推辞。这个办法一般适用在发现对方的邀请潜藏着请求的时候，如果你发现这些潜藏着的请求让你有些为难，那么最好找一个合适的理由不去赴约。如果对方够聪明一定会明白你的意思，自然不会再强求你。

可以代人转告。一般情况下，当面亲自拒绝对方提出的要求，多少显得有些"残忍"和不近人情，而且一定会伤害到对方的自尊心，毕竟事先对方对你是充满期望的。而如果你借别人之口转告这种拒绝，则可以令对方的心理有一定的缓冲，相对来说，也易于接受。

可以适当给出点意见，指点一下迷津。这种方法适合用在你力所不能及或者不想帮忙的时候，这时候如果你可以为对方介绍几种解决问题的途径，就可以在很大程度上避免因没有给予帮助而影响与朋友的关系。

学会转移话题。适当地转移话题，可以轻松为你解决"怎样拒绝"这个难题，因为转移话题有时候就意味着"否定"的回答。如果对方说："我们明天一起去看球赛吧！""噢，我想我们该回去了！"你的答非所问至少会让对方觉得你对这个提议很冷漠，让对方明白你是在拒绝他的请求。虽然也是拒绝，但要比直接说出来更能让对方接受。

学会委婉地拒绝，恰当地说"不"并不是一件难事。只要理解了上面的方法，用最理想的方式表达自己的否定想法，并把它融入你的实际生活中，就一定会对你的人际交往有所帮助。希望你尽快掌握这种人际交往中学会说"不"的"艺术"。

第2章
优雅的气质,源自你的形象

女人的形象是最好的一张名片。好的形象是女人魅力的主要来源之一。有魅力的女人的价值会像一线城市的房价一样不断攀升,但没有魅力的女人的价值却会像二手车一样不断贬值,这就是事实,你不得不承认。所以,不论你现在正处于哪个年龄阶段,都应该开始注重形象管理了,当然,越早开始效果会越好。无论是容貌、身形还是神态礼仪,你都要细心地去管理、去修炼。这样,才会让形象保持在最佳状态,才会为你的气质添砖加瓦。

优雅女人的气质修炼课

微笑是你最好的形象名片

　　微笑，是人类最美好的表情之一，微笑可以在很大程度上提升一个人的形象。因为人在微笑的同时，还能够释放出温暖、自信、幸福、宽容、慷慨、吉祥等信号，从而更容易赢得别人的喜爱。英国BBC电视"人类的面孔"系列的作者巴特曾说过："我们经常愿意与微笑的人分享我们的自信、希望与金钱。这里面深奥的原因已经超过了我们的意识所能够认识的。随时能够笑的人已经证明，他们在个人生活和事业上都更成功。"

　　在现实生活中，微笑更是一种"万能剂"，它可以让人的烦恼烟消云散，还可以消除许多人与人之间的矛盾与隔阂。脸上时刻洋溢着微笑的女人，心灵必定是美好的，而她的未来，也是可以预见的幸福。

　　在微笑着的女人身上，能够让人感到一种活力、一种温馨、一种亲和力和一种来自心灵的美感。

　　当男人与女人吵架时，只要女人开始微笑，立刻就能化解敌对的气氛，让两个人的关系重新变得和谐而甜蜜；当有人心情不好时，女人的微笑就会像彩虹一样驱走满天的乌云，连空气中都会充满明快的味道；当困难无法解决时，女人的微笑能让一切问题迎刃而解，再痛苦的事也会慢慢被化解掉。

　　淇淇就是一位脸上永远挂着微笑的可爱姑娘。有一次，她出去旅行，在巴厘岛的机场换登机牌，为她换牌的是一个跟她年龄差不多的女孩，那个女孩脸上同样洋溢着甜美的微笑。两个同样爱笑的姑娘热情地交谈起来，淇淇对她说："你有多么迷人的笑容，我相信它一定会给我的这次行程带来幸运，为此，我先提前谢谢你。"那个女孩也笑着说："你的笑容也让我相信你是幸运的。"在愉快的气氛中她们完成了换牌手续，待到上飞机后，淇淇发现自己的普通舱座位被换成了宽松、舒适的商务舱。微笑带给她的幸运这么快就到了。

不可否认，有时候微笑真的可以给人带来幸运。但现实生活中，却有一些女人却并没有意识到这一点，在应该面带微笑的时候她们却板着面孔，所以，难免会遭到别人的指责。

2002年，在英国曼彻斯特城英联邦运动会开幕式上，传遍了所有英联邦国家的火炬被交到英国足球明星大卫·贝克汉姆的手中，他是这次火炬传递的倒数第二棒。贝克汉姆微笑着跑到了最后一棒——一个挂着氧气瓶、身患绝症的五岁金发小女孩面前，他微笑着亲吻了小女孩的脸，然后与她手拉手走到英国女王伊丽莎白的面前，最后由小女孩把火炬交给了她盼望已久的女王。

一贯面色严肃的女王接过火炬，她的脸上丝毫看不出任何喜悦之情，而且也没有看着这个充满渴望的小女孩，而是直接走到点火台点燃了开幕式的圣火。电视机前的人们纷纷心怀不满地说："在这个时刻她居然没有笑容，也没有亲吻那个可爱的小女孩，真是很让人气愤。"第二天报纸、电视上纷纷指责女王在众目睽睽之下，居然"没有笑容"，而且"没有亲吻那个病孩子……""女王太让人失望了"……

其实，一个友好、真挚而又楚楚动人的微笑，不仅仅是对别人一种善意的表达，同时也是对自己的魅力和勇气抱着积极肯定的态度的一种表现。因为只有自信的人，才能露出迷人的微笑。

一旦你学会了微笑，并形成习惯，那么无论在什么时候你都能展现出

优雅女人的气质修炼课

迷人的魅力。当你心情好的时候，可以大方自然地微笑；而当你心情不好的时候，更应该保持微笑，因为微笑可以为你赢得更多的关注与掌声，因为微笑也不会让你因此成为污染别人情绪的"凶手"。

微笑是上帝赐给每个女人的权利，微笑是一种含意深远的身体语言，微笑更是一封最完美的"介绍信"。要不然，蒙娜丽莎的微笑怎么会成为女人魅力的代名词呢。

因此，女人应该试着多微笑，并练习微笑。因为微笑能让你变得真诚，变得美丽，变得可爱，变成拥有成熟的气质和魅力的优雅女人。

声音，是女人灵魂的敞露

谈到女人的魅力，大多数人乐意提及的往往是美丽的容貌和性温婉的性情，因这些是最直观的。但是，女人的外貌的姣美和性格的温婉如果没有一副好嗓子作为陪衬，一定会逊色很多。从某种意义上来说，声音才是一个女人真正的灵魂敞露。

希腊神话故事里的海怪塞壬，不是靠形象诱惑人，而是靠歌声来迷惑人。很多航海者因为受到她们声音的蛊惑而触礁身亡。这个神话故事的寓意是在告诫人们不要被动听的声音迷惑。不过，这也从一个侧面反映了声音的魅力。

现实生活中，很多女人往往十分注重装扮，对自己的声音却不够重视。看到这儿，或许有的女人会不以为意：声音是天生的，这个怎么能改变？所以，不是不重视，而是生来如此，无法改变而已。其实不然，声音的评判标准，并不是我们天生的那一副嗓音，还包括其他许多因素，比如，说话时的语速、语调，等等。

我们在与人与人初次见面时，给对方留下深刻印象的虽然是容貌，但是我们的声音在对方对我们的印象中也占有相当一部分的比例，高达40%。我们说话的语速、语调以及表达能力还会被纳入对方对我们诚信度的判断之中。

异地恋在如今很普遍，但是多半异地恋的结局都不是很好，难逃分手的结局。异地恋分手的原因,大多是其中一方的感情变淡了。不过,也不要过多指责提出分手的人,其实也并不是因为他们有背叛的天性,而是因为对方实在没有可以抓住自己心的东西。分隔两地的恋人最常用的沟通方式就是打电话。而电话里最能直接抓住彼此的,就是对方的声音。如果声音富有感染力,即便是分开较长的一段时间,两个人发生情变的可能也不会很大。

强子跟女友蓓蓓是高中同学,高中毕业前俩人就确定了恋人关系,当时他们许下了一起考上北京一所大学的心愿。可惜的是,最终蓓蓓的成绩不是很理想,强子考进了北京,蓓蓓只考上了外省的一个普通大学。

但分隔两地并没有让他们的爱情就此破灭,两个人的感情一直很好。大学四年,他们除了过年能见上一面,其他时间都要通过电话来联系。强子长得高大英俊,而且才华横溢,所以大学时好多女生都对他表示过好感,其中比蓓蓓漂亮的女生有很多,但强子却一直不为所动。身边的哥们都好奇地问他:"你和女朋友长期分隔两地,面对身边的这些诱惑,你是怎么做到不动心的呢?"强子笑着说:"靠每天跟女朋友打电话啊。她的声音是我听过最动听的,谁也比不过。"

我们都认为坚硬的东西才有力量,其实柔软的事物才更有力量,声音便是如此。一个人可以用生硬的语气来彰显自己的权威,可是人们依然能感到他的脆弱易折。但温柔的声音虽然柔和软绵,却能给人莫名的感动和火热。很多男人自诩是钢筋铁骨,但是在女人温柔的声音面前,所有的刚硬都会化作和煦的春风,他们会放下心里对世界所有的戒备,去选择做一个孩子。

一个声音有魅力的女人,即便在形象上稍稍逊色,也一样会受人欢迎。而且,声音和形象是没有直接的关联的。人们通常认为美女的声音一定是动人的,而长相平庸的女人的声音也不会很好听。但现实有时候就爱和我们唱反调，美丽的女人也可能有着公鸭嗓，长相平庸的女人也可能拥有一副迷人的声线。

那么，怎样才能让自己的声音更动听呢？声音的确有先天的成分，但更多的是得益于后天的保护和锻炼。怎样发声，如果深究的话，是一门很严谨的学问，也是一门艺术。我们听那些经过专业训练的人说话会觉得非常舒服，也更容易集中注意力，而越是远离这个标准的人，他们说起话来就越会让人觉得刺耳，也越容易让人昏睡。电台和电视栏目的主持人，他们的声音就是经过打磨的，他们的发声也是经过训练的，所以他们说话就能抓住很多人的注意力。

如果你想提升自己的整体形象和魅力，也应该在声音这方面进行一些训练。不过，现在针对女性瘦身、美体的机构随处可见，礼仪和心理素质方面的训练课程也很多，但针对声音的训练课却少之又少。可见现在的人对发声的重要性还认识得不够，这方面的培训还没有得到普及。但是你可以自己买一些书，或者看看相关视频课，针对这方面做一些小训练。

要想改变自己的音质，需要花很长时间，但我们可以通过旁敲侧击的方式来对声线进行调整。首先，发音时要做到字正腔圆，语调平和，平时尽量使用普通话交流。语调平和不仅要求要把声音压低，还要放缓语速。说话声高、语速快，人的性情也容易急躁，这样对声音的把握就会失控。为了让自己的音质更加圆润动听，我们还可以做一些发声练习，平时注意保护嗓子。

以上不过是技巧方面的训练，真正说话时，我们还需要将自己的心态摆正。我们的语气会直接反映出自己内心的状况。有些女人长得漂亮，声音也很动听，却不能让别人喜欢她，很大程度上是因为她们的态度没有放端正。声音是一种能够穿透人心的力量，所以传递盛气凌人的语气必然会伤到别人和自己。有了柔和的心声才能有柔和的嗓音，这是再多的技巧也掩盖不了的。

优雅女人的气质修炼课

你知道自己应该怎么穿衣服吗

穿着是否得体，是否适合自己的形象，是否有自己的风格，在很大程度上决定着女人的气质。正如俗话所说，佛靠金装，人靠衣装。一身舒适、得体的服装不仅能够增添女人的美丽，而且可以让女人展现出与众不同的气质。

然而，现实生活中，有些女人却并不在意自己的着装风格，有的人只偏好一种风格，衣橱里只有一种款式的衣服，多年不变；有的则是不断变幻风格，衣橱里挂满了各种各样的服装，却从穿不出自己的风格。其实，服装搭配是一门很深的学问，其中涉及很多方面，比如你的肤色、身材、年龄等。其中的学问不是三言两语就能说清楚的，也不是看几本时尚杂志就能学会的，这需要我们认真地去研究和探索。当然，如果你不是从事服装行业的人，也不是时尚杂志的主编，就没有必要去特别深入地了解其中的奥妙。不过，即使是一位普通的女性，一些常识的穿衣技巧也是应该掌握的。下面，我们就根据上面提到的肤色、身材、年龄等几个因素给大家讲一讲穿衣的小方法。

我们来看看肤色与着装的关系。不同的肤色应该选择不同色系的服装，以达到扬长避短的效果。一般来说，面色红润的女人，最适宜深绿色系的服装，而浅绿色会显得脸色更暗；面色偏黄的女人，最适宜蓝色系的服装，这样可使偏黄的面色在蓝色的衬托下显得洁白娇嫩一些，而青色或莲紫色服装会使脸色显得更黄；面色不佳的女人，最适宜穿白色衣服，这样会显得健康一些，而绿色或浅灰色服装会更突显"病容"；肤色偏黑的女人，最适宜浅色调、明亮些的服装，如浅黄、浅粉、月白等色，可以衬托出肤色的明亮感；皮肤偏粗的女人，最适宜穿杂色，纹理凸凹性大的织物，如粗呢、麻料等，而色彩娇嫩、纹理细密的面料会突显皮肤的粗糙。当然，如果你皮肤白皙，面色及好，那么任何色系、任何面料的服装你都能够驾驭。

接下来，我们再看来来体型与着装的关系。服装的款式多种多样，每个人要根据自身的形体条件加以选择，这样也可以起到扬长避短的作用。首先，要尽量避免那种领口与你的脸型相同的服装。比如说，如果你是圆脸，那么圆领口服装最好不要选择，V型领、翻领和敞领服装则是你的最佳选择，反之亦然。其次，颈部较短的女性应该选择敞领、翻领或低领口的上衣；颈部较粗的女性应该选择中式领、高领的上衣；而颈部较长的女性应选择立领的上衣。另外，胸部较丰满的女性应选择敞领和低领口的上衣或宽肩上衣，以达到降低腰围的目的；而胸部较小的女性，应选择开细长缝的领口和横条纹的上衣；腰部较短的女性，应选择能使腰和臀有下垂趋势的服装；臀部较窄的女性，应选择柔软合身竖条的下装，上装最好长过臀围线；腿部较粗的女性，应选择腰边紧而下边宽松的裙子，上端打褶或直腿的裙子，或者长到膝盖下的短裤或裙裤；腿部较短的女性，应选择一色的服装，鞋最好选择中跟或高跟。当然，如果你身材超棒，体态匀称，那么什么款式的服装都是你的最佳选择。

那么，年龄与着装又有着怎样的关系呢？年龄在服装的选择中也占有十分重要的地位，这里面要说的只限于未婚女青年的两个年龄阶段。第一阶段，25岁之前，女人在服装的色彩选择上可以大胆一些，明亮的暖色系更能突显你的青春亮丽，但应该避免选择那种华丽的服装，例如闪光面料的服装，或者缀有过多装饰品的服装。因为，这个年龄段的女孩最突出的特点就是拥有少女的清新、纯净之美，选择不适宜的服装反而会让这种美

优雅女人的气质修炼课

丽大打折扣，显得俗气异常。牛仔裤、小T恤，或者运动装更能突显你的青春气质，如果你是个上班族，合体的小套装也是你错的选择。第二阶段，25岁之后女人大多都有了一份稳定的工作，性格上也相对成熟起来，这时候可以选择成熟稳重的职业套装，但仅限于工作期间。休息时如果你还是穿着职业装，那就会让人感觉你过于死板了。因为这个年龄段的女人更具有女人味，所以能够展现出你的身材、气质、特点的服装都是不错的选择。但在，在品牌或面料的选择上你就要下一番功夫了。

除了上面提到的一些穿衣小技巧之外，说到女人的着装，还有一个问题不得不说，那就是内衣的选择和功效的问题。一套舒适合体的内衣能展现出女人的万种风情。一个对穿着内衣十分讲究的女人才是真正懂得穿衣之道的女人。为什么这么说呢？因为对"见不得光"的内衣都十分在意的女人，又怎么会对外衣的选择不"精雕细琢"呢？而且，合体舒适的内衣不仅能凸显女性美的味道，还能起到一种保健的功效，因为它可以吸收汗液和污垢，也能够防止外来的污染或伤害。更重要的是，合体舒适的内衣还能无形中增加女人的自信，因为这种来自内部的动力可以让你"收腹挺胸"，精神焕发。

另外，一身合体的好时装如果能再加上几件漂亮的饰物作点缀，无疑可以达到锦上添花、画龙点睛的效果。装饰物不外乎首饰、鞋帽、皮包、头饰等几种，饰物的选择要从色彩、质感、形状和大小等因素来考虑，要让它们和服装的色彩、款式造型、面料质地等相协调和匹配。同时，个人的喜好和文化素养等因素也应该考虑在内。另外，如今是个推崇个性的年代，服饰的选也应该应考虑到这方面的因素。

选择什么样的服装，怎样来搭配不同的配饰，都值得每一个女人细细地研究。相信在仔细地研究上面的方法之后，你一定会找到最适适合自己的着装风格，穿出气质，穿出风采。

悉心呵护，一直保持如水肌肤

　　皮肤是女人最美的一件"外衣"，这一点毋庸置疑。如果说一个女人有十分美丽，那么皮肤至少要占五分，也就是说，皮肤的好坏与否，在很大程度上决定着女人的颜值。一个女人的皮肤好坏与否，首先就是体现在脸上，所以，一定要格外注重脸部皮肤的保养。

　　处在不同的年龄段，女人的皮肤状态各有特点。所以在保养皮肤时，要根据不同的肌肤状态进行保养，才会达到更理想的效果。20岁左右，清洁是最好的保养。油性皮肤，容易有青春痘等问题的产生，应该彻底清除面部污垢、油脂，治疗暗疮，增加自信魅力。30岁左右，要注意预防皱纹的产生，慎重选择适合自己肤质的保湿类护肤品并增加营养。40岁左右，需要防止皮肤光泽暗淡。除了合理的清洁习惯和规律的生活外，还应有一整套系统的保养方法对抗衰老。50岁左右，需要加强水分和营养的补充。到了50岁之后，皮肤胶质及弹性蛋白减少，皮肤细胞再生能力减退。应选择有效延缓皮肤衰老的产品，增强皮肤新陈代谢。

　　可见，无论女人处在哪个年龄阶段，保养面部皮肤都是必须做的功课，而且这门功课越早开始越有效果。张曼玉曾经说过："女孩子一定要注意护理。爱惜皮肤，否则很容易就会失去自己的个人魅力。如果有可能的话，早些开始保养，效果会更好一点。"张曼玉一直认为，皮肤的好坏除了先天赋予的之外，更重要的在于后天的保养。因此，虽然日忙夜忙，她仍花了许多时间护理自己的肌肤。她认为如果皮肤不好的话，样子再美也不及相貌普通但皮肤白皙嫩滑的人看起来漂亮。

下面就给大家介绍一些在日常生活中保护面部皮肤的小方法。

面部保养第一步，有效补水。我们的皮肤之所以会慢慢变老，是因为丢失的水分多了，就会分泌油脂来保护皮肤，这样我们的皮肤就会变得容易出油，而且长期皮肤缺水也是皱纹产生的原因。所以，每天早晨和晚上洗脸后，一定要用保湿乳液来涂抹脸部，并且进行一些按摩，这个保养工作一定要变成我们每天的习惯。保湿乳液能够给皮肤表层加上一层保护膜，同时具有锁水的功效，很快就能帮助达到水油平衡，是保养皮肤的要点之一。

面部保养第二步，补充胶原蛋白。皮肤中最主要的成分就是胶原蛋白，胶原蛋白能够保持皮肤的水分和弹性。当女人过了25岁之后，皮肤里面的胶原蛋白就会开始慢慢流失了。所以，晚上洗过脸涂上保湿乳液后，还可以在睡觉之前补充一下含有胶原蛋白配方的精华液，同时轻轻地按摩一下，这样能够很好地补充胶原蛋白。充分地补充胶原蛋白含量可以帮助我们美白祛斑，同时对脸上的皱纹和痘痘都可以进行很好的修复。另外，如果你存在毛孔粗大、皮肤松弛等问题，那么更要使用胶原蛋白了，胶原蛋白真的是女人保养必不可少的产品。

面部保养第三步，注意紫外线防护。外界的氧化和阳光对于皮肤的伤害是非常大的，再加上灰尘还容易堵塞毛孔，紫外线还会造成黑色素形成，因此脸上会出现色斑等现象，如今的城市空气污染这么严重，这么多空气当中的有害物质肯定会很大程度上伤害皮肤。所以，外出的时候一定要使用修护成分的防晒霜，平时爱化妆的女人记住在上妆的时候要使用一下BB霜，它具有防晒和隔离外界污染的双重功效。白天外出的时候多用一些防晒和修复的化妆品，能够帮助皮肤阻挡一部分紫外线和灰尘的伤害，在很大程度上保护皮肤。

另外，季节不同，也应该采取不同的面部保养方法。

春天气候干燥，昼夜温差较大，皮肤很容易干燥、脱屑，出现脂溢性皮炎等症状。因此这时候既要注意保持皮肤的清洁，又要避免过多地洗浴。干性、中性皮肤的人，要适当补充水分和油脂，可选用含脂高的护肤化妆品；油性皮肤的人要注意清洁面部、使毛孔畅通，可选用水质性护肤化妆品。

夏季天气炎热，皮脂分泌旺盛，出汗较多，皮肤表面湿度较大，皮肤大都裸露在外，如不及时清洁污垢，极易引起毛囊阻塞而发炎。故夏季需增加洗浴次数，并选用乳液、蜜类营养霜；要及时补充水分；在户外活动时，要戴太阳帽、太阳镜，擦防晒霜，以减少日晒反应。

秋季天气凉爽，皮肤分泌逐渐减少，处于干燥状态，因此，要注意补充水分和油分，应用温水洗脸，选用油脂营养护肤霜。

冬天，随着气温的下降，皮肤会因汗腺、皮肤腺分泌的减少和失去较多的水分而变紧发干。因此，在冬季进行美容护肤更显重要。首先，要多喝水，避免因体内缺水而引起皮肤干燥。其次，洗脸、洗澡时的水温不可过高，同时要选用去脂能力较弱、保湿能力较强的产品。多吃一些含维生素的新鲜蔬菜、水果及鸡蛋，少吃动物蛋白，有利于皮肤的代谢。平时还应多吃滋阴润肺的食物，如芝麻、蜂蜜，尽量少吃葱、蒜等刺激性食物，还可摄入一些矿物质如镁、钾等。

总之，不要再为自己的懒惰找任何理由了。要想拥有一张美丽、精致的面容，就从保养你的面部皮肤开始吧。

优雅女人的气质修炼课

合适的妆容，让丑小鸭变成白天鹅

现实生活中，有一些女人对化妆并不重视，她们觉得自然美才是最真实的，所以她们每天素面朝天。还有一些女人，觉得化妆就是抹抹粉底，涂涂口红，这样就可以了。其实，素面朝天并不是不好，简单化妆也不是不可取，但是俗话说，三分靠长相，七分要打扮，即使是天生丽质的女人，也要懂得持扮才能保持美丽。所以，在这个看脸的时代，最好丢掉之前那种不化妆的理念，即使学着化一点简单的妆，也会让你变得更美丽。

而且，精致的妆容带给女人的不仅仅是美丽，还有其他许多好处。其中很直接的一点就是，可以让女人变得更自信，这是因为漂亮的女人到哪里都受欢迎，到哪里都能成为焦点。同时，化妆打扮漂亮的同时，还可以让女人的人生充满热情和正能量，同时对于化妆品的选购也有更强烈的认知，可以因此节省许多不必要的冤枉钱。如果你的工作是销售，那么在和客户见面时，化点淡妆也是一种对对方的尊重和礼貌，会显出你的内涵、气质和自信，有了自信，离谈单成功自然就会又进一步。另外，每天对镜子笑一个，不但可以给自己一个好的心情，还可以让生活充满阳光和激情。心情好心态好，做事效果可以事半功倍。下面就给大家来介绍一些实用的化妆步骤和技巧。

化妆第一步，妆前保养很关键。好的肤质会令化妆的效果加倍，所以妆前保养也是不容忽视的。在化妆之前一定要很好地清洁皮肤，然后使用一些保湿产品，如果能做一个面膜就再好不过了。

化妆第二步，涂好粉底是化妆的基础。说到涂粉底，或许每个女人都会涂，但是涂得好不好就另当别论了。很多女人涂粉底，最后都会一张大白脸，这样就不好了。其实在选择涂抹的时候只要能掌握三个诀窍，就能化出自然的底妆。一，粉底的颜色要跟身体肤色相同。涂粉底是为了遮盖肌肤凸显的问题，让皮肤呈现出更理想的状态，所以一定要针对自己的肤色来选择颜色。二，粉底不要涂到百分百。凸出五官，肌肤色斑才不会那么明显，因此在涂抹粉底的时候，百分百的遮盖瑕疵会显得过分，所以留下百分之三十的破绽也是可以的。三，涂抹也有方法。关于涂抹的方式，一般有两种，一种是盖章式，即只在需要的地方做必需的遮盖。色调如果偏暗沉一点的话，就要稍微多用一些粉底，不然无法遮盖瑕疵。另一种是像美容液一样晕开，方法是由脸部内侧向外侧推开，一点点的晕开效果最自然、最好。

化妆第三步，画眉毛。画眉是化妆中非常重要的一个环节，一定不要忽视。首先要选择与发色相近的颜色，如果染过发，可以根据染发的颜色来选择。然后找出眉峰和眉尾的位置，一般来说，眉尾是在鼻翼与眼尾连线的延长线和眉头的水平线的交会处，然后比这里再高一点的位置最标准。接下来用眉粉画眉峰，将眉粉反向刷在眉头处，并向眉峰方向晕染开。然后，用眉笔轻轻勾勒出清晰的眉尾线条。再反复描绘眉头。线条粗略的柔和弯眉，适合自然风，能够营造出一种未化妆的感觉。

化妆第四步，画眼影和眼线。首先要选一个和你眼皮肤色相似但明度更高的颜色来把眼窝打亮，然后在眼皮的二分之一或三分之二处刷上主色调，注意从下到上要是逐渐变淡的，这样才能与皮肤实现无缝相接。注意眼尾的地方其实要比其他地方稍微重一点，还有下眼睑的地方也需要刷上一点，不过不要太多，也不要太重，三分之一的眼睛长度刚刚好。

优雅女人的气质修炼课

再来说说怎样画眼线。先用眼线铅笔勾出理想的形状，尽量贴近粘膜。然后，朝着眼睛内部末端接近时，逐渐用力，在中间朝着外面延伸时，逐渐放松力气。在眼尾伸出理想形状后，连接眼睛下半部分，填充空白部分即可完成。

化妆第五步，涂腮红。腮红是打造自然好脸色的秘密武器，涂腮红是化妆过程中不可或缺的一个步骤。涂腮红之前要先画好底妆，否则腮红效果会不明显。底妆完成之后，用中指第一节手指按压腮红膏，然后像盖印章一样，把中指上腮红膏点在笑肌的位置，并且往斜上方约 30 度方向，点上另外两点。然后，把中指和无名指并拢，把笑肌处的腮红点作为出发点，用中指和无名指把腮红往发际线斜向上轻轻推开，腮红颜色越往后越浅，最重色留在笑肌上，这样涂抹腮红可以有提拉脸颊的效果，有让脸部变瘦的效果。涂完腮红之后，还要用蜜粉帮助腮红定妆，避免脱妆。

化妆第六步，涂口红。首先，要选择适合自己的颜色，可以多去尝试，这样就可以找到适合自己的。涂口红之前，最好先用唇笔勾线，勾出适合的唇型，然后再一点点把口红涂上去。涂好之后，要想让口红显得自然，可以用纸巾放在上下唇之间抿一下，这样就可以了。

当然了，化好妆之后，如果能配上一副漂亮的表情，那就更完美了。

保养你的纤纤玉手

人们常说，手是女人的"第二张脸"。的确如此，一个女人的日子过得是否称心、优越、富裕，看看她的一双手就可以了。讲究生活品位，注重个人形象的女人，不仅注重妆容和服饰，对手的保养也是十分尽心的。

然而，即使是生活在都市里的女人，每天也少不了要做家务，从而不可避免地会接触大量的化学清洁剂，含碱性重的洗涤剂对皮肤的损伤是很大的，给手带来的伤害程度不亚于尘土的侵蚀。要避免这些，我们就要学会一些保养手的方法。在生活中养成良好的生活习惯对手的保护是很有用处的，下面我们就来介绍一下日常生活保养手的小方法。手的保养可以分为一般保养和精心保养。一般保养应注意以下几点：

养成在干家务之前戴手套的习惯。既然生活中的家务活避免不了，那么在洗衣服、刷碗、擦玻璃的时候，我们可以戴上防护手套来保护自己的手。干完家务后，一定要彻底清洗双手，切忌将污垢和油泥滞留在手上。

要防止紫外线对手的伤害。我们在骑车或是在阳光下劳动的时候，一定要戴上遮阳手套和遮阳护袖，这样可以在很大程度上避免手被紫外线伤到。

不要用力或者用强碱性的东西去洗手，这样会伤害手的表皮，从而伤害手背皮肤，洗手时最好用中性或弱酸性的洗护用品，这样更容易让皮肤舒展，也能滋润皮肤，对皮肤起到保养作用。

优雅女人的气质修炼课

手的精心保养应注意以下几点：

要经常修剪指甲，指甲的长度不应超过手指指尖。修指甲时，指甲沟附近的"暴皮"要同时剪去，不能用牙去啃指甲。

坚持涂抹防晒护手霜。日晒是皮肤老化最大的导因，手部当然也不例外，阳光不仅能将手部肌肤晒黑，还会让肌肤产生斑点、皱纹，所以防晒乳液的使用是不可或缺的。

注意手部的洁净，并保持手部湿润。每次洗手后都要用营养霜涂抹手部，特别是晚上，坚持睡前涂擦营养霜，这是最有效的保护双手的措施。然后，还可以用去角质霜、润泽或保湿面膜以及护手霜来进行每周一次的加强保养。

定期到美容院护理。如果你具备一定的经济实力，还可以定期到美容院做一些相关的手部护理。最后，还要定时按摩双手，以促进血液循环，防止手部浮肿。

常做一些手指操。如模仿弹钢琴的动作，让手指一曲一张地反复活动，可以锻炼手部关节，健美手形。

为什么说手是女人的"第二张脸"呢？这是因为手是人与人交往时最为醒目和受到关注的肢体部位。比如，握手、用餐、拿取东西、打字，等等，都是手在做"主角"。而且，当人体状态相对静止的时候，手的形态也会给别人一种较强的视觉感应。即使长得不漂亮的女人，如果有一双白皙、修长的手，也会在无形中增添几分风韵。所以，手跟容貌同样重要，对手的护养和美化绝不能忽略。

为你的秀发每天做 SPA

俗话说，女为悦己者容。所谓容，即打扮、装饰。女人大多是感性的，更多时候喜欢靠感觉来决定一件事情，或者喜欢一个人；但男人却不一样，男人可能在某个瞬间就对一个女人一见倾心，而这其中的原因便是女人的外形决定着一切。

或许有的女人会说，我并非天生丽质，看来不会有人对我一见钟情了。其实不然，其实女人是否耐看，不仅要看容貌，更要看气质。气质的体现并不全在外貌的美丽和服装的奢华上，有时候，即使外貌普通，衣着简单，但一个特别的小饰品，就可以使女人的可爱与柔媚表露无遗。即使是素面朝天时，如果拥有一头干净飘逸的秀发，也能点缀女人的高雅、恬淡。

我们在电影、电视或广告中经常会发现，如果女主角拥有这样一头秀发，即使长得不是很漂亮，也总有那么一个瞬间会美到极致。比如拉小提琴时，那扬起的乌黑的长发；比如在阳光里奔跑时，那带着阳光色彩的俏皮卷发。由此可见，头发对一个女人的气质突显是非常重要的。

所以说，女人应该如珍视自己的容颜一般善待自己的头发。那么，怎样才算是美丽健康的头发呢？一般应从五个方面去衡量：第一，清洁、整齐，没有头屑；第二，头发光润，丝丝可见光泽，具有弹性；第三，不粗不硬，不分叉，不打结，有柔软的感觉；第四，头发疏密适中，尤其发根要疏密匀称；第五，没有病发，色泽一致，没有出现斑、白、黄、棕等混杂颜色，

优雅女人的气质修炼课

头发没有异味。

由此可见,要想拥有一头健康飘逸的秀发也不是那么容易的。那么,具体来说,我们应该做到哪些呢?

头发保养之梳头。梳理头发能够促进头部血液的循环,但最好不要用尼龙梳子梳理,尼龙梳子易产生静电,用木质梳子为佳。另外,每天可多梳几次头,每次缓缓梳刷2～3分钟,约100次。

头发保养之洗发。一定要根据自己的发质去选择适合的洗发水,这一点可以在购买洗发水时咨询导购。另外,定期用淘米水和啤酒洗发可以让头发更顺滑。每天将淘米后的水储存起来,洗发时加入适量的热水,将其调温即可,长期使用可以促进头发的生长;将头发洗净、擦干,再将整瓶啤酒的1/8均匀地抹在头发上,做一些手部按摩使啤酒渗透头发根部。15分钟后用清水洗净头发,再用木梳或牛角梳梳顺头发。啤酒中有效的营养成分对防止头发干枯脱落有良好的治疗效果,还可以使头发变得光亮。

头发保养之擦发。有些人以为清洁头发就是洗头,其实不然。每天早晚,用刷子轻柔地擦头发3分钟,约100次,这也是保持秀发柔美润泽的好方法。尤其是临睡前的擦发,空气中有许多灰尘和细菌,附在头发上与发脂腺混合在一起,便会成为头屑和病发,擦发能对头皮造成轻度刺激,使血液畅通,促进新陈代谢,保持活泼的生机,使皮脂得以充分分泌。

头发保养之按摩。每天应按摩头皮一次,按摩头皮可以刺激毛发血管及毛囊,有助头发的生长,调节头皮的分泌作用,并对油性和干性皮肤有治疗作用。按摩的方法是张开两手手指,按在头皮上,做压、按转动。

头发保养之病发处理。由于新陈代谢的作用,每天会有少量脱发(50根左右),早春秋末更多些,但不属病态。但如果频频掉发,有时一天多达100根左右,就需注意了。如果脱下的头发发根黏黏糊糊的,可能是新陈代谢不佳,必须增加按摩头皮的次数,最常见的病因是脂溢性脱发,精神过度紧张或吃含脂肪多的食物都会促使皮脂分泌过多。头屑过多的原因有两种，一是皮脂太多，皮脂干了就成为细屑状，叫干性脂漏；另一种是皮脂太少，头皮细胞角质脱出，粘在皮上，叫头部糠疹，头屑过多者，可适当洗头，干性发质者每周两次，洗头时可用药性洗发剂。

头发保养之均衡膳食。在饮食方面应注意膳食平衡，多摄取高维生素、高矿物质、低脂肪食物，多吃水果、蔬菜、蛋白质等食品，如牛奶、鸡蛋、大豆、芹菜、香菇、芝麻等。

拥有一头飘逸美丽的秀发，不仅会让女人变得更漂亮，而且会突出女人的气质，让女人变得更有魅力。所以，赶快行动起来吧！

优雅女人的气质修炼课

优雅仪态，需要修炼

女人的美并不仅仅表现在外貌上，也并不完全依靠流行的装饰来体现，同时还要培养自己优雅的仪态。仪态美是内在的美，这种美才是永久的美，也更能突显出女人的气质魅力。

下面我们就分别从行走坐卧的仪态、吃的仪态、社交场合与人会见时的仪态、公共场合的仪态以及乘车时的仪态等多个方面，向大家一一讲述女人的仪态美该如何体现。

女人仪态美之行的仪态美：女人正确且优美的走路姿势应该是上身伸直，身体的任何部位都不过于用力，这样才能步伐轻松，英姿飒爽。不过，这一点说起来容易，做起来难。所以，需要在平时生活中多加练习。

女人仪态美之坐的仪态美：女人正确且优美的坐姿应该是上半身挺直、头部抬起、胸挺直、双腿合拢。无论哪种坐法，双腿的膝盖绝不可分开，双手可以交叠在大腿上或单手放在椅子的扶手上，一切要合乎自然而不做作。

女人仪态美之立的仪态美：女人站立时，不但要美、要优雅，还要讲求舒适。最优美、最正确的立姿，应该是肩部平衡，两肩自然下垂，身体不弯曲，但也不故意挺直像洗衣板，两腿自然并拢，脚部成丁字形站立，但这种姿态切忌是故意摆出来亮相的。总之，一切都做到优雅舒适即可。

女人仪态美之走的仪态美：女人正确且优美的走姿应该是轻而稳，胸要挺，头要抬，肩放松，两眼平视，面带微笑，自然摆臂。

女人仪态美之吃的仪态美：当然，这里所讲的吃的仪态的背景是在公共场合。首先应注意在吃饭时切忌高谈阔论，这样会影响邻桌的客人；其次在饭桌上切忌谈论一些不雅的事情或者让人很恶心的事情；最后切忌吃饭喝汤时吧嗒嘴，即使是再漂亮的女人，如果有此习惯，也会让人觉得没有教养。还有一点值得注意，千万不可为了"美"而做作，拿筷子的样子、喝汤的姿态、嚼饭菜的口型、拿碗的动作等都应该以自然为主。

女性仪态美之握手礼仪：握手是一种沟通思想、交流感情、增进友谊的重要方式。与他人握手时，目光注视对方，微笑致意，不可心不在焉、左顾右盼，不可戴帽子和手套与人握手。在正常情况下，握手的时间不宜超过3秒，必须站立握手，以示对他人的尊重、礼貌。

女性仪态美之特定公共场所礼仪：当置身影剧院时，应尽早入座。如果自己的座位在中间应当有礼貌地向已就座者示意，让自己通过；通过让座者时要与之正面想对，切勿让自己的臀部正对着人家的脸，这是很失礼的行为。应注意衣着整洁，即使天气炎热，袒胸露腹也是不雅观的。在影剧院万不可大呼小叫，笑语喧哗，也不要把影院当成小吃店大吃大喝。演出结束后应有秩序地离开，不要推搡。当置身图书馆、阅览室等公共的学习场所时，首先，要注意整洁，遵守规则。不能穿汗衫和拖鞋入内。就座时，不要为别人预占位置，查阅目录卡片时，不可把卡片翻乱或撕坏，或用笔在卡片上涂抹划线。其次，要保持安静和卫生。走动时脚步要轻，不要高声谈话，不要吃有声或带有果壳的食物，这些都是有悖于文明礼貌的。图书馆、阅览室的图书、桌椅等都属于公共财产，应该注意爱护，不要随意破坏。

女性仪态美之乘车礼仪：乘坐火车、轮船时，在候车室、候船室里，要保持安静，不要大声喊叫。上车、登船时要依次排队，不要乱挤乱撞。在车厢、轮船里，不能随地吐痰，不能乱丢纸屑果皮，也不能让小孩随地

优雅女人的气质修炼课

大小便。乘坐公共汽车时，车到站时应依次排队，对妇女、儿童、老年人及病残者要照顾谦让。上车后不要抢占座位，更不要把物品放到座位上替别人占座。遇到老弱病残孕及怀抱婴儿的乘客应主动让座。

女性仪态美之旅游观光礼仪：游览观光时，应爱护旅游观光地区的公共财物。对公共建筑、设施和文物古迹，甚至花草树木等都不能随意破坏；不能在柱、墙、碑等建筑物上乱写、乱画、乱刻；不要随地吐痰、随地大小便、污染环境；不要乱扔果皮纸屑、杂物。在宾馆住宿时，不要在房间里大声喧哗或举行聚会，以免影响其他客人。对服务员要以礼相待，对他们所提供的服务表示感谢。在饭店进餐时尊重服务员的劳动，对服务员应谦和有礼，当服务员忙不过来时，应耐心等待，不可敲击桌碗或喊叫。对于服务员工作上的失误，要善意提出，不可冷言冷语，加以讽刺。

如果一个女从被别人批评"站没站相，坐没坐相"时，那么她一定是行动随便、举止轻浮的。所以想要拥有仪态美，就尽早学会这些优雅的仪态。

与时尚保持"零距离"

一提起"时尚",大多数女人最先想到的,往往是新潮、奢侈、前卫等相关字眼儿,而且会由此联想到品牌的时装店、珠宝店、高档的消费场所以及名车豪宅,等等。在她们眼中,能够与时尚为伍的,大都是多金的金领、富豪,作为普通人,对此是可望而不可即的。

其实,并非如此。时尚其实是个包罗万象的概念,它的触角深入生活的方方面面,如衣着打扮、饮食、行为、居住,甚至情感表达与思考方式等,这些与生活中的每一个人都是息息相关的。也就是说,时尚并不绝对是"高大上"的,而是真实地存在于每个人的生活中。只要你有一双发现的眼睛,有一颗崇尚时尚的心,时尚就离你并不遥远。

薇薇和苗苗是一对崇尚时尚的好姐妹,两人刚刚大学毕业。谈起时尚,她们都认为时尚感是自然而然的,并不是什么高不可攀的东西,适合自己的,就是时尚的。

原来在学校的时候苗苗是不太喜欢化妆打扮的,她买第一支口红的时候还是薇薇拉着她去的。那时候,苗苗嘴唇颜色很暗,薇薇便帮她选了一只颜色艳丽的口红。从那时起,苗苗才算真正开始接触时尚。

对于服饰的搭配,薇薇特别喜欢有个性的东西,所以那些样式简单但是裁剪特别的衣服就很容易吸引她的注意,比如斜肩、露背这些独特的款式就很对薇薇的口味。而苗苗则是个混搭高手,所以买东西的时候,她总

优雅女人的气质修炼课

会想,家里有什么东西可以与要买的衣服搭配。

后来,她们由于对时尚信息捕捉得很敏感,所以决定一起办一个时尚的个性小店,专卖各种服装配饰。再后来,熟悉的朋友到店里来看衣服,都能看出哪些是薇薇选的,哪些又是苗苗看中的。

有朋友问起她们对时尚的看法,两个人有一样的观点:适合自己的才是最好的。如果身上的服装不是很流行的那款,也不用灰心,可以选择一件紧跟潮流的饰品来搭配,这样一来整件衣服就会显得很抢眼。她们还说,时尚不是名牌或者流行的堆砌,而是选择最适合自己的那件。同时,在关注服装样式的同时,质地和细节也是要考虑的,因为一件裁剪上乘、质地精致的衣服,有可能穿上几年也不会落伍。

薇薇和苗苗的小店一直很红火,因为她们追求的是适合,而不是品牌或者高档,所以光顾这里的也都是和她们一样对时尚有着自己见解的朋友,其中有她们的同龄人,也有比她们稍大一些的白领,也有一些结了婚但仍然对时尚念念不忘的女人们。

时尚是属于每一个人的,每个人心中都有属于自己的时尚。对于时尚来说,年龄、职业、身份、金钱这些都不是重点,重点是只要你是一个有心人,并且对生活充满激情,那么时尚就会与你零距离。那么,具体来说,关于衣食住行的时尚,我们都该怎样去追求呢?

关于衣的时尚。不管你现在正处于哪个年龄阶段,是20+、30+,还是40+,都应该定期去名品店逛一逛,即使不买,也要去饱一下"眼福",感受一下时尚的讯息。当然,并不是只有名牌的服装才能够让你变得时尚漂亮,只要你有一双感受时尚的慧眼,那么即使在街头小店照样可以淘到既实惠又适合你的时尚服装。

关于食的时尚。时尚的生命力是很顽强的,即使在厨房里它也能找到属于自己的一片天地。细心的你一定会看到超市里有许多漂亮的菜盘、汤碗、水果盘，赶快把它们买回家吧。把你做好的菜和汤或者洗好的水果用这些盘子装起来，那么家人的胃口一定会因此而变得更好，同时改变的还有他们的心情。

关于住的时尚。也许你的家并不是带着花园的别墅，也不是带着落地窗的豪华公寓，而只是一间几十平方米的"蜗居"，但这也并不妨碍你可以把它装扮得温馨漂亮。客厅里的一盆元宝树，会在你的精心管理下给家里带来许多生机；卧室里的一瓶插花，可以烘托出几许优雅的情调；门厅里挂上一幅全家人的合影，会让来访的客人第一眼就能体会你们的温馨；厨房里的一盆盆栽，会减少你的几分疲劳；卫生间里的一盒熏香也会带给家人一丝体贴。

关于行的时尚。周末的时候，开着车带着家人一起去郊外走走看看，感受大自然的清新，缓解一下工作和生活的压力，这是非常惬意的一种时尚休闲方式。当然，如果不开车，你也可以去徒步走走，邀上三五闺蜜，一起去爬山，同样是乐事一件。

除了要在衣食住行等方面营造与时尚的关联之外，女人平时还应该养成翻看时尚杂志的习惯。多看看时尚杂志，可以从中了解许多有关时尚的信息。如果你目前的条件还无法达到上面所讲的那样，但也可以因此受到鼓励和启发，然后朝着那个方向努力前进。当然，你或许根本就不想变成那样，那么也没关系，因为有时候，时尚杂志提供给我们的讯息，只是让我们来感受的。

说了这么多，无非是想告诉女人们，其实时尚离我们并不遥远。它并不一定在高档的健身会所里，买一本光碟在家里坚持运动也是一种时尚；它也并不一定在消费高昂的美容院里，杯子里残留下来的酸奶也足够让你做免费面膜，而且也一样会让你变得光彩照人。总之，时尚绝不是跟风，而是刹那间的心动；时尚不求缱绻情长，只愿张扬声与色的酷炫；时尚是

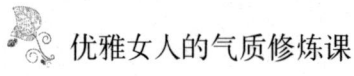

精致的生活态度；时尚是触摸着洒脱、体面、陶醉和风情万种的思绪。

希望女性朋友们都能有一颗时尚的心，这样才能把我们的生活装扮得丰富多彩，把我们的人生装扮得绚丽多姿。

第3章
熟谙社交艺术，会办事的女人最有魅力

一个人的成长和成功都是在交际的环境中完成的。在现实生活中不难发现，有些女人长得非常漂亮，也很有才华和能力，但她们的事业却并不如意；而有些女人资质平平，却拥有着很大的成功。而造成这种差别的就是女人在社交能力上的差异。可以毫不夸张地说，一个没有社交能力的女人，即使有颜值、有知识、有技能，也很难找到施展的空间。所以女人要明白，从进入社会的那一刻起，人际关系就已经是你生命中不可或缺的存在了。因此，赶快打造一张属于你的人际关系网络，并用心去打理其中的各种人际关系吧，只要有开始，一切都不算晚。

优雅女人的气质修炼课

精心打造一张人脉关系网络

任何人都无法脱离社会独自生存，所以人际关系在现代社会变得越来越重要。如果处理不好人际关系，无论是生活还是工作都会受到一定程度的负面影响。而如果能够建立良好的人际关系，就会在很大程度上助力你的生活和工作。对于女人而言，这一点同样重要。

如今，女人已经越来越多地参与到社会生活的各个领域，所以，如果女人能够打造一个良好的人际关系网，那么就可以拓宽视野，提高生活质量，拥有更多的成功机会。而对于健康良好的人际网络来说，人脉是基础，也是最重要的组成部分，所以要想打造良好的人际关系网最重要的一点就是广结人脉，拓展交际范围，学会与各种各样的人打交道，然后用真情细心地经营这个人脉网。那么，在女人的这张人脉关系网中都需要哪些人物的填充呢？

贵人的扶持很重要。贵人可以被称为女人生命中的导师。如能在困境中遇到贵人相助，那么女人便可以借鉴他们的成功经验并借助他们的帮助在短时间内调整自己的人生方向，避免走许多弯路，还能够迅速成就一流的事业。所以，欲成大事的女人要有眼光，要巧妙结交贵人，让他们助你攀上人生最高峰。

同学之情异常宝贵。现实生活中，许多女人往往在结婚生子后便淡漠了与同学之间的来往，这种做法是不适当的。同学之情弥足珍贵，千万不要把这种宝贵的人际关系资源白白浪费掉。当年的同学踏入社会后，每个人所接受的磨炼均是不同的，所以大家都会懂得人际关系的重要性。因此，如果能重拾当年的旧情谊，可以让你完全重新展开人际关系的营造。同学有时的确能在关键的时刻帮上你很大的忙。但是，值得注意的是，平时一定要注意和同学联络感情。只有平时经常联络，你们之间的情谊才不至于疏远，到了关键时刻同学才会心甘情愿地帮助你。

不要忽视了身边的"小人物"。其实在生活中，围绕在我们身边的绝大多数是都是一些普通、平凡的"小人物"，但是你千万不可以低估他们的作用。战国时期的贵族孟尝君尚且能用鸡鸣狗盗之辈为自己办事，何况是我们呢？俗话说，"人不可貌相，海水不可斗量"，那些看起来毫不起眼的人，有时候也会成为你可以借助的一种力量。社交有方的女人都懂得巧借这些小人物的智慧，帮助自己成功扭转人生的不良局面。

把陌生人变成好朋友。有一首歌是这样唱的："结识新朋友，不忘老朋友。"说明新朋友和老朋友一样重要，所以女人要想拓宽自己的人脉网，就要有结识新朋友的能力。比如，在一个比较陌生的聚会上，你不应该让别人认为你是一个沉默寡言的人。那么该如何打破僵局呢？其实不难，只要你能主动勇敢地说出第一句话，那么就已经成功一半了。当然如何找到话题的切入点很关键，这时候可以留意一下对方有什么比较特别的地方，比如她戴着一款你也比较喜欢的手表，或者他谈话的内容你也很感兴趣，谈论这些细节很可能立刻吸引对方的注意，你们结识的大幕也会很顺利地拉开。

帮助失势之人，等于买到了原始股。"火上浇油"似乎是许多人的拿手好戏，但能够做到"雪中送炭"的人却不多。一个人在没落失势时，便会陷入"墙倒众人推"的境地，如果这时候你能适时地伸出援助之手，那么他便会感激你一辈子。或许他的失势只是一时之事，如果他有东山再起的一天，你就会成为最大的受益者，就如同买到了最有价值的原始股一样。即使他辉煌不再，那么救人于苦难之中也是一种道德上的修行，对你来说不无益处。

俗话说，"江山易打不易守"，所以除了积极拓展人际关系之外，还有一点十分重要，那就是维护和经营你的人脉网络。无论是感情深厚的老朋友，还是刚刚结识的新朋友，想要获得他们的帮助，你就要懂得其中一条最基本的交往之道，那就是——常联系。

能够坚持做到上面几点，你的人脉就会越来越旺。到时候，你就会在这张精心编织和细心经营的关系网的帮助下成就一番事业，获得人生的成功。

懂得充分利用自身优势

相对于男人来说,女人在社交中更有优势。比如,语言表达能力强,善于与陌生人沟通,心思细密,性情温温柔,为人和善,等等。不过,因为每个人的性格、生活和工作环境各不相同,所以导致人与人之间的交往方式和风格通常也存在着一定的差异,而彼此各异的交际风度,必然也会引发差异甚大的心理效应。比如,性格活泼的人让人更愿意接近,文静含蓄的人给人一种深刻、沉稳的感觉。那么,作为女性,我们该怎样在处理人际关系中发挥自身独特的魅力,并能赢得对方的好感呢?下面这些小方法你不妨试一试。

不要吝惜你的微笑,要知道,女人的微笑是这世上最美的一道风景。你的微笑就是一封最好的自我介绍信,是袒露内在心灵善良柔美的永恒佳作。它传递着热情,散发着温馨。自然的微笑可在瞬间缩短与对方的心理距离,是与人交际的优质导体。对陌生人露出微笑,能够传达出你的随和与友好;对冒犯你的人展现笑容,能够传达出你的宽容与谅解;对钟情于你的人微笑,能够传达你的倾心与接纳;对周围的人微笑,能够传达出你对生活环境的适应与融入。所以说,微笑有时候是一种强大的、表达信心的"力量",也是放松神经、积极思维、征服对方、赢得胜利的绝佳缓冲方式。

要懂得适当地修饰打扮。女性的打扮艺术,并不仅仅是简单地涂脂抹

优雅女人的气质修炼课

粉，也不等同于喷洒高级的品牌香水，而是对自我形象的整体塑造和协调统一，是一种由内而外散发出来的自信和雅致，是自己人格的充分外化。得体贴切、精致淑雅的打扮，是对自信的牢牢把握，也是对社交场合的自如驾驭。相比较而言，女性的外在形象比男性更加重要，也更易引起同性和异性的关注。女性的迷人风采在交际中所发挥的作用是极其重要的。

自我介绍时要有自己独特的风格。自我介绍是社交场中给人留下深刻印象的重要一步，所以，你的自我介绍要充分展示你的交际魅力，这样才能给人留下很好的第一印象。仪表美，再加上一个恰当或讨人喜欢的自我介绍，就是一次成功到位的自我推销，会使人禁不住产生想与你交往或成为朋友的期望。在做自我介绍时，首先要有充满自信，然后再用恰当和真切的姿态、声音、表情打动人心。

要突出展现女性温柔、和善的性格特点。在日常生活中，大家都喜欢与热情周到的女人打交道。因为女人经常将感情倾注于交际之中，善良、温柔就成了女人形象的核心品质。温柔又善良的女人，总能散发出浓烈而甘醇的感情芳香，释放出深深吸引人的强大磁性。所以，在社交中一定要把你的这些特性展现出来。

要善于耐心地倾听他人讲话。善于倾听的女人会给人一种尊重他人的感觉。在听他人说话时，应该适当地微微点头，并真诚地用双眼望着对方，还可以适时地插一两句简短的话，以便对方饶有兴味地继续说下去。如此一来，你一定会赢得对方的尊重。

总之，在社交中，如果女人能够充分展现这些特有的优势，大多会获得很不错的交际效果。

社交场合要有时间观念

相比男人，女人似乎对时间观念把握得并不够精准，尤其是在约会的时候，迟到似乎很常见。当然，在恋爱期间，女生约会迟到是可以理解的，因为这里面藏着女人的小小心思——想探寻一下男朋友对自己是否有耐心，是否真的在乎自己。这一点是无可厚非的，但是如果在正式的社交场合，守时就显得特别重要了。如果你还是时间观念很差，或者故意迟到，那势必会给人留下不好的印象，从而影响以后的交往。

小米在一家公司的策划部工作，有一次，主管把一个重要客户交给她。在她的再三努力下，这个客户终于给了她回信，让她下周一上午九点到公司总经理办公室面谈。小米非常高兴，准备好了所有材料，就等着周一去签合同了。

转眼到了周一，一般来说，小米生活的城市在周一总会迎来上班的早高峰，所以如果想要按时到达客户公司，她应该比平常提前走一会儿。可是小米平时就是一个时间观念不太强的姑娘，她并没有考虑这么多，所以出门的时间比平时还晚一些，因为她觉得晚一点到也没关系。

就这样，约好九点到的小米，到九点半才到达客户公司。等她跟客户的秘书说明来意后，秘书却告诉她，总经理刚刚离开公司，去参加另外一个重要的会面了。直到这时候，小米仍然没有意识到是自己的迟到导致了这个结果，她只是认为，客户或许真的有急事。几天之后，小米又去见这位客户。客户问她上次为什么迟到，小米回答说："孟总，我只晚到了半个小时。"

"但是约定的时间是九点。"孟总提醒她说。

"我知道。但是我觉得晚到半个小时也没什么，您也知道，周一早高峰路很堵。您就不能再稍微等我一会儿吗？"小米继续辩解道。

"晚到半个小时没什么？你要知道，准时赴约是对他人最基本的尊重。告诉你，你不能觉得自己的时间不值钱就以为我的时间也不值钱，你觉得半个小时不重要，但对我来说，半个小时可以完成很多重要的会见，签订很多重要的合同！"孟总生气地说。

本身小米迟到已经有错在先，可是她不仅不承认错误反而进行辩解，这种做法在社交中简直是大忌。这样做的后果是，不仅会丢掉客户，而且会在很大程度上影响公司的声誉。如果被上司知道，后果可想而知。

人生就好像一次赛跑，和我们竞争的就是"时间"。时间抓住了就像是金子，抓不住就是流水。时间给忽视它的人留下了遗憾，给准时做事的人献上的是成功的机会。如果你不会管理时间，你就可能在激烈的竞争中被淘汰出局，一无所获。

时间是一种不可再生资源，所以更显得它难能可贵，科学家们永远不会找到时间的代替品。时间时时处处都很重要，它往往是各种问题、各种场合的事实核心和关键。在社会交际中更是如此，谈判时你是否能按时坐在谈判桌前，上班时你能否按时坐在你的办公桌前……假如你在这些时候、这些场合错过了时间老人的提示，那么你很有可能就会失败。所以，如果你想有一次成功的交际，就一定要像钟表一样准时。一个在社交场中准时守时的女人，才会赢得更多的欢迎和青睐。

掌握人际中的"面子哲学"

不可否认，如今的人们都活在一个"面子世界"里，正所谓：人活一张脸，树活一张皮。对此，谁也不用嘲讽谁，因为在对待这个问题上，绝大多数人都持有同一种观点，无可厚非。其实说穿了，所谓的要"面子"，不过是人的自尊心的另一种表现方式而已。传奇性的法国飞行先锋和作家安托安娜·德·圣苏荷依曾说过："我没有权利去做或说任何事以贬抑一个人的自尊。重要的并不是我觉得他怎么样，而是他觉得他自己如何，伤害他人的自尊是一种罪行。"既然人人都要面子，那么在人际交往中，我们就要谨记这一原则，遇事要记得给对方留点"面子"，这样才能建立更好、更长久的人际关系。

一个人如果眼睛不管事，无论什么时候都看不出门道来，而嘴巴没个把门的则更容易得罪人。会说话的女人，一般都是看破不说破，这样才容易使对方既畏惧你，但又不得不敬重你。只有这样你才能获得你所希望获得的好处。

一位外宾在某家星级酒店用餐之后，顺手将一只精美的景泰蓝小碟悄悄地装进了的西装口袋里。而这一幕正好被服务员小兰看到了。小兰不动声色地走上前去，双手捧着一只装有一对景泰蓝小碟的盒子对这位外宾说："我发现您对我国的景泰蓝餐具非常喜欢，感谢您对这种精细工艺品的赏识。为了表达我们的感激之情，经餐厅经理批准，我谨代表酒店，将这对图案更为精美,并经过严格消毒的景泰蓝小碟送给您,并按照酒店的'优惠价格'记在您的账上,您看好吗?"这位外宾自然听出了小兰的意思,连声表示感谢,并有些歉意地表示,自己刚才多喝了两杯,脑袋有点发晕,误将小碟装进了口袋。然后又顺着小兰的话接着说:"既然这种小碟子没有消毒就不好使用,那我就'以旧换新'吧!"说着,从西装口袋里取出那只小碟,恭恭敬敬地放回了桌上。

小兰的做法既保全了外宾的面子,又避免了酒店的损失,更重要的是显示了国人的素质,一举数得。抓住别人的错误不放是一种做人的失误。因为错误已经犯下,再怎样责怪也于事无补,而且过多的责怪还会使人产生反感和抵触的情绪,反而更不利于事情的解决。生活中这样的例子有很多。

有一天,一家品牌西装专卖店来了一位女顾客,这位女顾客上周从这里给老公买了一件西装,今天是来换货的,理由是尺码不合适,而且声称衣服一次也没有穿过。售货员小敏热情地接待了她,然而经过检查小敏发现,这件西装有很明显的干洗过的痕迹,这说明这件西装不仅已经被穿过了,而且为了掩盖穿过的痕迹还经过了干洗。

小敏是个经验丰富的销售员,这种情况她曾多次遇到。她知道,绝不能当面拆穿顾客的这种谎言,否则就会彻底失去这个顾客,最好的办法是用委婉的方式让对方知难而退。于是小敏机智地说:"我想要确定的是,除了您之外,是否您的家人把这件西装拿去干洗过了。在上周,我就曾干过一件这样的事。我把一条刚买的裙子放在了沙发上,结果我老公没注意,把这条裙子跟沙发上的其他几件要洗的衣服一起塞进了洗衣机。所以,我觉得您可能也会遇到这种情况——因为这件西装的确有已经被洗过的痕迹。不信的话,您可以跟我们店里的同一款式的西装对比一下,或者,您也可以打个电话给您的家人。"

这名女顾客本身就理亏，听到小敏这样说，她也不好再辩解，顺水推舟，乖乖地收起衣服走了。一场可能的争吵就这样避免了。

谁都有说错话、办错事的时候，面对这种情况，如果你总是抓住别人的"小辫子"不放，甚至以牙还牙，那么就会让事态变得非常严重，甚至变得不可收拾。但这时候，如果你能顾全对方的面子，用婉转的方式让对方明白你的立场，那么就会让事情得到圆满解决。

自尊心对一个人有多重要，这一点相信每个人都明白。所以，伤害了别人的自尊，难保对方不会将之视为"奇耻大辱"，甚至耿耿于怀，找机会报复。所以，在一些无关得失的小事中，适当地退让一些，会让你获得更多人缘。

人际关系是相互的，正如《圣经·马太福音》里所写的："你希望别人怎样对待你，你就应该怎样对待别人。"尊敬别人，给别人面子，其实也是给自己留下了余地。所以你一定要记住：你伤过谁的面子，也许早已忘了。可是被你伤害的那个人永远不会忘记你。

熟谙社交艺术的女人，大多都人缘极佳。但这并不代表她们不讲原则，不讲立场，只知一味地讨好别人。事实恰恰相反，正因为她们懂得尊重别人，懂得给别人留面子，才会受到别人同样的尊重。

优雅女人的气质修炼课

懂礼貌，也懂麻烦人

在人际交往中，常听人说，如果想给别人留下好印象，最好不要麻烦别人。很多人对此都很认同，尤其对于一些女人来说更是如此。因为女人大多矜持，所以她们更不愿意麻烦别人。从某种程度上来说，这话也并非没有道理，试想一下，如果你身边有一个朋友，无论遇到大事小事，总是找你帮忙，时间长了，你心里是不是也会觉得有些不堪重负呢？可是，细想一下，有时候这么做也并非完全正确，如果我们每个人都怕麻烦别人，那么人和人之间又怎样建立感情呢？

在社交关系中，人与人之间关系和情感的建立是要通过交往的，而交往自然就离不开相互的帮助。如果不论任何时候，遇到什么事情都自己扛，那么再坚强的人也会被压垮的。所以说，从某种程度上来说，怕麻烦别人也许并不是件好事。相对于女人来说，男人在这点上就比较看得开，因为男人更看重的是彼此的情义，而不是谁亏欠谁。

美国国父富兰克林就是这样一个深谙交往之道的男人。在他的政治生涯中，他遇到了一个很难缠的人物，这个人是宾夕法尼亚大学的议员，一向与富兰克林不和。富兰克林当然不会向他弯腰讨好，不过，他用了一种别人意想不到的方法。

当富兰克林得知这位议员对藏书很热衷后，便向他借阅一本稀世的图书。面对富兰克林的请求，这位议员欣然应允。而且，他还非常绅士地表示，如果以后富兰克林有什么事情需要帮助，他随时愿意效劳。

这就是著名的富兰克林效应。这里面向我们传达的意思是，那些原本讨厌我们的人，可能因为帮助过我们几次，就会变得非常喜欢我们。

由此可见，在人际交往中，如果你想跟某个人建立感情，有时候请求对方的帮助是一条看起来很难，实际上却很好走的路。随着这种交往的深入，你会渐渐发现，你们或许已经成了生命中无可替代的朋友。

《道德经》里有这样一句话："失道而后德，失德而后仁，失仁而后义，失义而后礼。夫礼者，忠信之薄，而乱之首。"这段话的大意是说，人天性中丧失的成分越多，生命中表现出的伪饰成分也就会越多。我们都提倡讲礼貌，这当然是好的，也有助于维护社会秩序。可是，有时候礼貌终究是人纯真的感情丧失后表现出的伪饰。在建立感情前，礼貌是为了表示尊重对方，为了确保不侵占彼此的空间而拉开的距离。可一直处在这种状态里，我们永远得不到成长，而且会被繁复的礼数捆绑住自己的真性情。

不过，找人帮忙时，切记不要把自己的姿态放得太低。如果姿态放得太低，反而会让人轻视。不否认，现实中的确有些人通过献媚的方式获得了一些利益。但是这种方法也只能适用几次，人骨子里还是喜欢平等交往的，过高或者过低的做人姿态，都会招致别人的反感。

而且，找人帮忙也得一步一步来，要有分寸，切忌生硬地照搬这个效应。而且，对于不熟的人，尽量不要涉及金钱上的往来。这是因为求别人帮助是为了建立感情，一旦牵扯利益上的纠纷，就会让感情的味道大大变淡。欠债的是债主的仆人，双方之间更多的是契约关系。所以这方面应该要慎重。

不得不说在人情往来上，麻烦别人是女人需要突破的一个很大的障碍。社交场上，我们见到的那些通达干练的女人，她们待人热情周到，也从来不避讳人情上的往来。这些看似有违正常女性的举动，却让她们很受人们

优雅女人的气质修炼课

的青睐和敬重。习惯于活在自己小圈子里的女人都是封闭的，她们不喜欢与他人有过多的交涉，也不想麻烦任何人。很多拘谨的女人自认为老成懂事，却在人情往来上输别人一大截，这样的拘谨实则是社交功能障碍的表现，会大大削弱女人的办事能力以及她们在社会中的立足能力，所以她们在人群中也会表现得很畏怯。

其实，当我们真正想与某个人建立感情的时候，就自然而然地不怕麻烦人了，我们会很乐意地去麻烦对方。尤其在爱情里，一些女孩会表现得很主动，借故与对方接触，问对方借东西。钱钟书的《围城》里说得很好啊，谈恋爱最好的切入方式就是问对方"借书"，有借就有还嘛，这样一来一往，对彼此的认识就会加深了。

忍无可忍，从头再忍

虽说女人现在已经撑起了半边天，但不可否认的是，相对于男人来说，女人仍然是弱者。所以，作为弱者，在这个竞争激烈的现实社会中，女人有时候就必须更善于忍耐。正如作家亦舒说的那样："忍无可忍，从头再忍。"亦舒笔下的现代女性，大多都有着坚强的性格，也都十分善于忍耐。在生活或工作中遇到困难时，她们总是用这句话来鼓励自己。这是值得我们学习的地方。

不过，有的女人或许会不同意这种观点，在她们看来，在社交中，要做成一件事情或者解决一个问题，最重要的应该是智慧和经验，性格是否坚强，是否能够忍耐似乎并不是最重要的，而且如果有了智慧和经验，又何须再忍耐呢？这种看法看似有些道理，其实却是有些偏颇的，忍耐对于成事有时候起着至关重要的作用。智慧和经验的确可以帮助你把事情做好，把关系处理好。但有时候，如果你遇到的事情或要处理的关系不是那么容易的时候，如果不懂得忍耐，就很容易产生急躁的情绪，急躁情绪一旦产生，便可能会忙中出错，反而把事情搞砸。所以，如果说智慧和经验是装修房子时用来砸墙的大锤，那么忍耐就是用来抠洞的小锤。所以，一个人如果不能学会"忍耐"，而仅凭着智慧和经验去做事，是很难成就大事的。再比如，"忍耐"是在和客观环境比耐力，也就是说在同等环境中与竞争对手比耐力，如果你坚持不住，那么就等于先输了。

在漫长的人生的旅途中，女人总会遇到许多这样那样的烦恼和挫折。

优雅女人的气质修炼课

在这些烦恼和挫折中有一些很好解决,然而也有一些需要靠女性特有的韧性和忍耐才能解决。其实,忍耐有时候就是坚强的另一种延伸。遇到事情需要忍,忍住泪水,忍住怒气,这样才有继续前进的机会,事情才有可能会"峰回路转"。

有一天,在一家大型百货公司的客户接待处的投诉柜台前,许多女顾客在排队等待向柜台后的接待员诉说该公司的商品质量或服务方面的问题。这些顾客大多很气愤,有的痛斥或谩骂,有的冷嘲热讽,而且言辞激烈、尖酸刻薄,有的甚至蛮横无理。而柜台后的接待员小郑却自始至终优雅而沉静地站着,脸上也始终挂着迷人的微笑,让人看不到有一丝一毫的厌倦或是不耐烦。而站在小郑后面的另一位接待员小郝也同样面露微笑,而且她正在迅速地记着什么,然后不断地把记录的东西交给站在前面的小郑。小郑便据此耐心地向提出投诉的顾客说明应前往哪个部门,在哪里问题将会得到满意的解决。

不知从什么时候开始,最初吵闹声很大的现场安静了许多。很多投诉的顾客都停止了叫嚷,渐渐变得心平气和起来,甚至刚才有几个骂声很大的顾客都有些面露惭愧,有的甚至主动向两位接待员道歉,小郑和小郝依然没说什么,只是报以温柔一笑。

是什么让最初的一个个像咆哮的"野狼"而且随时准备"咬人"的投诉者,最后变成了温驯听话的"小绵羊"呢?当然是两位接待员巨大的忍耐力。如果在面对困难和责备时你也能像他们一样忍耐下来,那么你一定会做得更好。

对于女人来说,忍耐有时候并不是怯弱的借口,反而能够真正体现强者的胸襟。只有"忍"才能留出时间和余地去积蓄力量,"以静制动,后发制人"说的正是这个道理;只有"忍"才能有机会退一步,思忖自身的缺陷,才能有机会不断地完善自己;只有"忍",才能做到顾全大局,使得诸事顺利;也只有"忍",才能与人为善,化解僵局。

给别人台阶，就是给自己后路

俗话说：人非圣贤，孰能无过。在人际交往中，谁都难免会说错话，做错事，有些女人在面对这种状况时，总是不能恰当地处理，因为她们总是很较真儿。结果，很可能在此失去一个朋友，或者让一件原本有回旋余地的事情变得不可收拾。其实，这时候，女人应该大度一些，如果对方并不是有意犯错，而且已确有意真心悔改，那么，要想办法化解掉对方的尴尬，给对方一个台阶，这才是会办事的女人应该做到的。如此一来，对方也必定会对你感激万分，也会为你们日后的交往留下无限的可能。

丽静是一家大型连锁服装超市的业务主管。有一天，她到自己管辖区域内的一家店去巡视，正巧发现了售货员美美的违纪行为。原来，走进店里后，丽静看见一名女顾客正在儿童服装区找着什么，可是转了好几圈，却好像没找到要找的衣服。而这时候，作为负责售卖儿童服装的美美本应该积极主动上前询问顾客有什么需要，可是美美却站在一旁跟其他几个售货员聊天，根本没搭理这位女顾客。看到售货员们这样不负责责任，丽静有些生气，她决定给她们上一课。

不过，丽静并没有走过去大声呵斥美美和其他几个售货员，而是走上前去亲自招待了那位女顾客。丽静很快帮那位女顾客找到了她需要的儿童内衣，并亲自为顾客包装,然后送走了顾客。在丽静接待这位女顾客的时候，故意放大了声音，为了就是提醒美美和其他几个售货员。她们几个都涨红

优雅女人的气质修炼课

了脸,低下了头,准备接受丽静的斥责。可是,丽静送走那位顾客之后并没有多说什么,而是直接离开了。从那以后,这个店里再也没有发生过怠慢顾客的情况,销售业绩也开始不断提升。

丽静采取的就是巧妙的暗示法,她没有直接走过去指责员工的不负责任,而是亲自去为顾客服务,让员工意识到自己的失职,这样不仅给了员工们一个台阶,更起到了间接地纠正员工错误的作用。面对这样善解人意的上司,员工哪能不心存感激,进而将其化作工作的动力呢?

给别人留有余地,也就等于给自己留了余地。物极必反,否极泰来。做人行事不可至极处,至极则无路可走,言不可称绝对,称绝对则无理可言。我国古代就有"处世须留余地,责善切戒尽言"的说法。

不过,有的女人或许并不这样认为,在她们看来,明明是对方有错在先,为什么还要照顾对方的情绪,选择退让,既然做错了,就应该承担应有的后果。这种想法也不是没有道理,但是,有时候给对方找一个台阶或许会让你觉得有些吃亏,但是可以避免一场后果更为严重的冲突或矛盾的发生,而且你也会因此得到对方的感激和尊重,权衡利弊之间,你应该能找到心理的平衡点。

所以,在为人处世时,你要明白有时候能把事情圆满解决的方法只是一步退让、一分余地或是一个台阶。

关系这把刀，需要常常磨

有人曾说，关系就像一把刀，如果长时间不磨就会生锈。这话确实有道理。无论是相交多年的老友，还是初识的新朋友，都要常联系，常走动。对方有事情，关心一下，对方有困难，伸出援手。久而久之，你的人际关系才会变得明朗顺利，你和朋友之间的关系也会越来越融洽。这样一来，当你有事相求时，对方才会倾尽全力地给予你帮助。否则，等到事到临头有求于人时，不仅你自己会羞于开口，而且即使你"厚着脸皮"开了口，也未必会得到应有的帮助。因为在人际交往中，"临时抱佛脚"是最令人讨厌的一种行为。

海燕和小枚是高中同学，那时候她们住在同一个宿舍，关系亲密。毕业后，两个人分别考上了不同城市的大学，就这样分开了。上大学之后，刚开始海燕还曾主动地联系一下小枚，但后来两个人就渐渐断了联系，转眼大学毕业已经快十年了。

这时候，她们都已经有了自己的家庭。有时候，海燕在翻相册时会偶尔想起小枚，但由于好多年不联系，所以对她的印象已经开始模糊了。

后来有一次，一个从南方回来的同学给海燕带回了小枚的消息和新的联系方式，并转告她说，小枚这么多年一直都很想念她，希望她能给自己打个电话。同学还说，小枚自己开了公司当老板，是个女强人。可是，忙于照顾孩子和工作的海燕却并没有把这件事放在心上，而且在她的潜意识

优雅女人的气质修炼课

里，似乎也不太想再重拾那段友情，或许是因为照顾家庭已经力不从心，或许是因为小枚的成功让她觉得有些惭愧。总之，她没有主动联系小枚。就这样，她和小枚之间彻底中断了联系。

本以为可以就这样平平静静地过下去，可是后来发生的一件事却搅乱了海燕原本平静的生活。原来，海燕的老公很好赌，刚开始只是小赌，可后来赌瘾变得越来越大。结果有一次在牌桌上被人算计了，欠下了三十万的高利贷。如果不能及时偿还，家里的房子就要被抵押了。海燕和老公都是给人家打工的，生活原本过得就不是很富裕，现在一下子背上了三十万元的高利贷，他们的生活一下子就跌入了谷底。海燕想到了离婚，可是老公苦苦哀求，而且保证以后绝不再赌，想想孩子，她也只好忍了。没办法，只得向亲戚朋友们借钱了。

可是，他们借遍了周围的亲朋好友，也才凑了十万块钱，还差二十万。这时候，海燕想到了小枚。可是一想到自己之前没有主动联系小枚，现在一联系就要借钱，她心里有些犹豫和担心。但是，事情紧急，海燕也顾不得其他了。于是，她打通了小枚的电话，寒暄了几句之后说明了自己的难处，希望小枚能够帮助自己渡过这个难关。小枚在电话里非常客气，却委婉地拒绝了海燕借钱的请求，理由是自己的公司最近资金有些周转不开。海燕虽然有些失望，却并没有怪小枚，因为她知道，换作是自己，当一个多年来一直没有联系的朋友，一打来电话就借这么多钱，那么自己即使有这个能力，也不会轻易答应。后来，海燕只得把房子低价卖了，还了高利贷。

看了这个故事，或许有人会对小枚的做法有些不认同，认为她不近人情。可是谁又能肯定她说的话不是真实的呢？或许她的公司真的遇到了困境。退一步说，即使她说了违心话，但是毕竟也是因为海燕有错在先，十几年都没有联系，一联系就要借一大笔钱，换作是谁心里也不会太痛快的，将心比心，小枚的做法无可厚非。

所以说，在人际交往中，一定要做到"平时多烧香"，那样急时才会有人帮。如果你总是用急功近利的态度对待人际交往，以为"钓到鱼就不用再喂食"了，那么就等于失去了"钓到大鱼"的机会。因为你不去喂鱼食，小鱼又怎么会长成大鱼呢？

人际关系并不是在一朝一夕之间就可以建立起来的，因为了解一个人需要时间，需要过程，这个过程短则一年半载，多则三年五年，甚至十年二十年。而那种几天之内就能"一拍即合"的人际关系往往披着"利益"的外衣，基础脆弱，经不起任何考验，而且有时候它带给你的还可能是伤害。因此，你要想得到经得起考验的人际关系，就要在平时多用些心，多付出一些，这样才有机会梦想成真。

第4章

好气质缘于好修养，做灵魂有香气的女子

修养对女人来说，如同芳香对鲜花的衬托，以及繁星对夜空的点缀。如果没有香味，那么再美的鲜花也会失去生气；如果没有点点星光，那么再广阔的夜空也会变成一潭死水。所以，对于女人来说，有时候容貌并不能代表一切，高贵的品质、自信的态度、谦虚的性格、成熟的心态才能真正体现你的魅力，而这一切都将化为你深深的人生底蕴，让你成为一个真正优雅的气质美女。

优雅女人的气质修炼课

让自己成为一个有修养的女人

　　一个女人是否有气质,与她的长相、年龄都没有太大关系,却跟她的修养密切相关。修养是女人潜在的一种品质,虽然修养不会像外貌、穿着、妆容那样给人直观的印象,但是作为道德美的一种重要的表现形式,它却会随着岁月的增加、心灵的净化而日益显示出它的光彩。所以,爱情需要有修养的女人,家庭需要有修养的女人,生活更需要有修养的女人。

　　真正的修养来源于一颗热爱自己、热爱他人的心灵。"己所不欲,勿施他人"正是对修养的最好诠释。一个女人在待人接物等方面能够处处为别人着想,有一颗宽容、忍让、体谅的心,言谈和举止无不给人以美感和享受,那么,即使她看上去相貌平平,也会在人群中散发出耀眼的光芒。

　　在一次世界文学论坛会上,有一位相貌平平的小姐端正地坐在那儿。她并没有因为参加了这个世界级的盛会而表现出太多的激动,也没有因为自己的成功而到处招摇。她只是偶尔和一些人交流一下写作的经验。更多的时候,她都在仔细观察着身边的人。

　　这时候,一个匈牙利的作家走过来。他问她:"请问你也是作家吗?"

　　那位小姐亲切而随和地回答:"应该算是吧。"

　　匈牙利作家继续问:"哦,那你都写过什么作品呢?"

　　那位小姐笑了,谦虚地回答:"我只写过小说而已,其他并没写过什么。"

080

匈牙利作家听了这话，脸上顿时露出了骄傲的神色，"是吗，我也是写小说的。目前已经写了三四十部，大家都夸我写得还不错，而且读者的反应也很热烈。"言语间流露着掩饰不住优越感，接下来他又疑惑地问道："那么，你写了多少部了？"

"比起你来，我可差得远了，我只写过一部而已。"

匈牙利作家更加得意了，"原来你才写了一部啊，是因为经验不足吧，那么我们来交流一下吧，我可以给你提供一些经验上的帮助。对了，你写的小说叫什么名字？看我能不能给你提点建议。"

小姐和气地说："我写的小说名叫《飘》，不知道你听没听说过？"

听了这句话，匈牙利作家羞愧不已，原来坐在他面前的这位看似平常的女性就是鼎鼎大名的玛格丽特·米切尔。

《飘》是一部传世的经典之作，而成就这部经典的正是玛格丽特·米歇尔身上所具有的这种谦虚诚恳、沉稳内敛的修养和风度，如果她的个性像那位匈牙利作家一样傲慢而张扬，那么她也许就写不出这么动人的小说了。

由此可见，一个女人是否有修养，不仅关系着生活的幸福与否，同时也在一定程度上关系着事业的成败。那么，一个人女人怎样才能算是富有修养呢？想成为一个有修养的女人，其实不是什么难事。只要在不断提高自己知识素养的基础上，再多注意一下自己生活中的日常行为，然后把吸收的知识储存在脑子里，并且学会用自己的意思表达出来，那么你就可以称得上是一个有知识有修养的女人了。

一位好莱坞明星说过这样一句话："我的教育者，就是我自己。"她说她的成功就在于不不断地鞭策自己，所以她虽然没受过太多的教育，但一样把自己塑造成了一位具有良好修养的女性。

女性修养程度的高低是衡量社会文明程度的一个重要标准。女人作为情人，修养便决定着一段爱情是否会开花结果；女人作为妻子，修养便决

优雅女人的气质修炼课

定着一个家庭是否和睦温馨；女人作为母亲，修养更是直接地影响着子女的品格和人生。女人的修养决定了一个国家和民族的修养。所以，做一个有修养的女人吧。

学会高贵，尽显优雅

一提起"高贵"这个字眼，很容易让人们联想到17、18世纪欧洲贵族中的那些穿着华丽、仪态万方的小姐和夫人们。她们在那种奢华与富丽堂皇的日子里，时时处处在用华美的服饰来向人们展示自己的高雅，同时她们的言谈中有意也流露着对文学的造诣和对事物独特的认识和见解。那个年代，也只有出身贵族的这些女人才有条件称得上高贵。然而，我们在这里所谈论的高贵却并不是这种身份上的高贵，而是品质和心态上的高贵。

心态上的高贵与阶级、金钱都没有什么必然的联系，它只是存在于女人心中的一种情结。拥有高贵品质的女人，即使出身卑微，甚至贫贱，但她高洁的心灵一样可以赢得众人的心。《茶花女》中的玛格丽特应该算是这其中的代表。为生活所迫，玛格丽特不得不混迹于巴黎上流社会的交际场中，整日以卖笑为生。但就是这样一个风尘中的女人却有着一颗高贵而纯洁的心灵，以至于让上流社会的年轻才俊阿尔芒疯狂地爱上了她。品质高贵的女人往往会给男人生活的勇气和信心，因为她们生命里潜存着一种净化男人心灵、激发男人斗志的个性魅力。所以，现代女性要做到不媚俗、不盲从、不虚华，那样才有可能打造出高贵的气质。

小舒和男友孟飞是大学同学，毕业前他们确定了恋爱关系，转眼两个人相恋已经五年了。日子如流水般滑过，两个人的感情也一直很稳定。孟飞是一家大公司的销售部经理，平时工作比较忙，所以两个人除了周末平

优雅女人的气质修炼课

时很少有见面的时候。

小舒对孟飞的工作是很支持的,所以即使不能经常见面,她也是能够理解的。可是最近一段时间小舒发现,孟飞似乎比之前更忙了,有时连续几周他们都见不了一面。而且,有时候即使见面了,也是三句话不离工作,而且小舒发现,最近一段时间孟飞经常提起一个女人的名字。她叫素秋,是孟飞这次合作公司的项目主管。最近,孟飞由于双方合作的项目经常和她接触,所以在和小舒的谈话中也就时常提起她。孟飞说素秋是一个很有能力的女人,做起事儿来有条不紊,很有主见,很积极……其实孟飞跟小舒说这些,并没有什么其他意思,只是一种很普通的表达而已。但对于小舒来说,心里却有些不舒服。作为孟飞的女朋友,她当然不愿意听到男朋友当着自己的面夸别的女人。

小舒认为,素秋一定是一个年轻、漂亮的女人,要不然,不可能让平时对女人十分挑剔的男朋友这样赞赏。想到这些,小舒心里更不舒服了。她很想找机会认识一下素秋,见识一下她到底如何有魅力。

不久之后,机会就来了。孟飞所在的公司即将举行项目合作成功的庆祝宴会,孟飞希望小舒也能一起参加,小舒欣然应允。参加宴会之前,小舒去了一次美容院,把自己从头到脚都好好地打理了一番,还买了一套新衣服,准备与素秋一较高下。

宴会的日子到了。到达会场之后,小舒便让孟飞把素秋介绍给她认识。孟飞带着她来到一群人中间,指着中间那位正在说话的人告诉小舒,那个就是素秋。面对着这位正在侃侃而谈的女性,小舒实在很难相信她就是孟飞口中那个出色的女人。素秋的年纪看上去三十五岁左右,戴着一副黑框眼镜,穿着一身得体的套装,从外表来看跟普通的职业白领没什么分别。而且她长得很普通,没有小舒漂亮,也没有小舒年轻,更无法和性感迷人搭上边。可是她站在那,举手投足间却显得非常从容得体,一言一语也非常富有新颖独特的创意。小舒不得不承认，素秋那种周旋交际的干练、自信乐观的心态、渊博的学识，还有诙谐幽默的谈吐，让她显得既亲切自然，又挥洒得体。而她所具备的这些，都是自己所没有的。这种气质上的高贵是任何一家高级美容院也打造不出来的。小舒终于明白了，女人能够长久吸引男人的魅力并不一定是青春亮丽，而是骨子里散发出来的那种高贵而优雅的气质。

年轻时你可以用青春美貌的容颜换取一份真挚的爱情，可是再美丽的容颜也无法抵抗岁月的痕迹，当美貌不在，青春也一去不回头的时候，只有丰富的文化内涵和生活的阅历所赋予你的气质和魅力，才是你无与伦比的恒久财富，随着时间的叠加它不仅不会消逝而且还会与日俱增。

现代的女人也似乎明白了这个道理，所以她们也像飞蛾一样纷纷扑向"高贵"这团烈火。其实真正的高贵并不在于女人梳妆台上堆满的各种瓶瓶罐罐，也不在于健身馆中的各种运动设施，做出这些努力，也只能让女人达到漂亮的境界，而漂亮与高贵是完全不同的两个概念。漂亮可以愉悦人的感官，但高贵的气质却能震撼人的心灵。漂亮是一种外在的景致，但高贵却要靠一股无形的精气由内而外地熏染出来，所以高贵需要长年累月的培植和沉淀。人们常说，女人三十岁前的相貌是天生的，三十岁后的相貌则要靠后天培养。相由心生，容颜和气质最终是靠内心来滋养和体现的。所以，在你年轻的时候，不要只在你的容貌上下功夫，内心的气质涵养也需要你不断地充实和磨炼。

高贵的气质才是一个女人的魅力的真正所在，拥有它，男人会更欣赏你，女人会更羡慕你，孩子会更崇拜你，对于一个女人来说，还有比这更幸福的事情吗？

优雅女人的气质修炼课

修炼成从容自信的女人

女人最迷人的时刻是什么时候？面对这个问题，不同的人会给出不同的答案。有人会说恋爱中的女人最迷人，的确，爱情是女人最好的化妆品；有人会说成为新娘的女人最迷人，试想一下，婚纱曳地，笑语盈盈，四面全是鲜花与祝福，即使最普通、最寻常的女人也会变得光彩照人；还有人说，怀孕的女人最迷人，这时的女人虽然少了一份性感，但她心中多了一份无私、伟大的母爱，所以最迷人。

的确，在生命中的各个阶段，女人都有着属于自己不同的美。不过，认真思考一下就不难发现，在女人的这些迷人时期，似乎有一样东西一直在相伴左右，那就是自信。恋爱中的女人如果充满自信，那么即使相貌平平，也会因为爱情的滋润而让自己变得灵动俊秀起来；但如果缺乏自信，就会变得患得患失，心事重重，脸上不仅会失去恋爱中女人应有的光泽，也会失去爱情所带来的快乐心情。成为新娘的女人如果充满自信，就会深信自己会和心爱的人共同打造一个温暖的家；但如果缺乏自信，即使打扮得再光鲜亮丽，也总会缺少一些动人心弦的光彩。即将成为母亲的女人如果充满自信，就会坚信自己将是个最称职的母亲，坚信在自己的哺育下，宝宝会健康快乐地成长，那么她脸上焕发出的向往将是最拨动人情感的美丽；但如果没有自信，就会变得焦虑不安，这种情绪不仅会让她失去了即将成为母亲的风采，还会影响宝宝的健康。

由此可见，自信对于女人来说多么重要。可以毫不夸张地说，自信就是女人最美丽的外衣，也是女人最迷人的底蕴。而且在男人眼中，自信的女人有一种异乎寻常的吸引力，因为自信可以让女人更妩媚生动，更光彩照人，也可以让女人更坚强地去面对生活中的困难与挫折。自信让那些看似渺小甚至平凡的女人得到真爱。

《简·爱》里的女主角简，就是因为自信才获得了人世间最珍贵的爱情。简的外貌很平凡，同时也很贫穷。但她从没有放弃过热爱生活，她才华横溢，神清骨秀，眉宇间洋溢着灵性和动人的气质。"你以为，因为我贫穷、卑微、不美、矮小，我就没有灵魂，没有心吗？——你错了，我也有和你一样的灵魂，和你一样的一颗心！要是上帝也赐予我美貌和财富的话，我也会让你感到难以离开我，就像我现在难以离开你一样。我现在不是通过习俗、常规，甚至也不是通过凡人的血肉之躯跟你讲话——而是用我的心灵在跟你的心灵对话，就如同我们离开了尘世，穿过坟墓，一同平等地站在上帝的面前，我们彼此平等————就如同我们的本质一样。"这一番不卑不亢的话语，显示出了简那颗平凡但却十分高贵的心灵，最终也赢得了罗切斯特的爱。

自信虽然做不到让女人拥有最漂亮的外表，但是它却可以让女人历练出一种特别的气质，拥有最能折服人心的内涵，那种由内而外散发出来的魅力要比容貌的美丽更强大、更持久。

所以，自信对于女人是很重要的一种品质，如果你想成为一个有气质的女人，那么就昂起你自信的头颅，让自信的微笑时常挂在你的嘴角，这样无论何时何地，你都会成为人群中最动人的女子。

自信的女人，不一定国色天香，天生丽质，更多的是相貌平平。但是，因为她们自信，好们一样会散发出迷人的风采，自信会让她们变得光彩耀人，变得淡雅高贵。所以，无论在哪里，她们永远都是最耀眼的焦点，而且永远不会因为平凡的容颜而失去自己的魅力。

当然，自信的女人，绝不是自负的女人。自负的女人，或恃才，或恃貌，或恃财，或恃权，她们总是眼高过顶，目中无人，高高凌驾于众人之上。而自信的女人，或许无才，或许无貌，或许无财，或许无权，但是她们多了一分平和，多了一分宽容，多了一分礼貌，多了一分和颜悦色。这样，在别人眼中她们便是最美丽的天使。

每个女人都有属于自己独特的美，所以你要善于发现美、挖掘美，学会了解自己、欣赏自己、热爱自己。这样，你就会成为一个美丽的女人。所以说，自信是女人最美丽的外衣，也是女人最迷人的底蕴。

谦虚的女人处处受欢迎

从古时的"满招损，谦受益"到今天的"谦虚使人进步，骄傲使人落后"，谦虚一直是人们崇尚的一种美好品质。

谦虚往往可以让人保持正常的心态，在生活和工作中不盲目、不武断，从而更容易发挥自己的才智。比如，牛顿在科学上取得世人瞩目的成就后，谈到自己的成功时他谦虚地说："我只是像一个在海滨玩耍的小孩子，有时很高兴地拾到一颗光滑美丽的石子，真理的大海还是没有发现。"再比如，李白当年登上黄鹤楼，看到那无边的美景正想咏景抒怀时，忽然发现墙上崔颢的那首题诗，吟咏再三，不禁叫绝。李白深感到自己的构思立意不可能再超过崔颢，于是断然放弃了做诗的念头，只说了声"眼前有景道不得，崔颢题诗在上头"便离去了。李白没有再作诗，是因为他的谦虚，也是他为人聪明的一种表现。

谦虚是修养的最佳表现之一，所以，如果你想成为一个气质美女，就要紧握谦虚的"双手"。如果一味地妄自尊大、自以为是，只会招致别人的反感。

安东尼·吉娜是百老汇里的一位资深演员。吉娜不仅演技精湛，而且为人谦虚有礼，充满智慧。可是，再美丽的容颜也经不起岁月的洗礼，时光荏苒，无情的岁月带走了她的美貌，在她脸上刻下了一道道皱纹。但吉娜并没有因此而过多地伤感，因为她知道岁月虽然带走了她的美貌，却留

优雅女人的气质修炼课

给了她许多更好的礼物，比如智慧，比如成熟。

有一天，吉娜偶然听到一位年轻女演员在极其傲慢地对别人说："安东尼·吉娜没有什么了不起的，在舞台上我随时可以抢她的戏。"这个女演员不知道吉娜此时正站在不远处。吉娜承认，这个女演员确实很有才华，而且年轻貌美，可以说很有发展前途。但她有一个缺点，那就是太骄傲，甚至到了目空一切的地步，如果不改掉这个缺点，那么她的发展就会受到极大的阻碍，甚至会让她一败涂地。吉娜决定帮助她。于是，她走到这个女演员旁边，既心平气和又针锋相对地说："我的确没有什么了不起的，不过说句不谦虚的话，我甚至不在台上也可以抢了你的戏。"

"您过于自大了吧？"女演员听了吉娜的话很不以为然，立刻反驳地说。

"那我们就在今晚演出的时候试试看。"吉娜也不甘示弱。

当天晚上，吉娜和这年轻女演员同台演出。演出快结束的时候，按照剧本，吉娜要先退场，留下那名女演员独自演出一段打电话的戏。吉娜在台上表演完喝香槟的内容之后，把盛着酒的高脚杯放在桌边上，随即退下场。吉娜的表演很自然，而且都是按剧本来的。可是，当她退场之后，台上的女演员才发现那只高脚杯有一些"异常"。原来，正常的情况应该是吉娜喝下这杯酒后，把酒杯放在桌子上然后退场。当时吉娜也是这么演的，唯一不同的是她把那只酒杯放在了桌子边缘，而且杯底一半悬在了半空，随时都有掉下去的可能。观众们都十分担心、紧张，注意力都集中在了那只高脚杯上。年轻的女演员只好在观众心不在焉的表情下演完了那场戏。不用说，观众紧张的心情，破坏了她本来可以大出风头的演出。那么，为什么高脚杯没有从桌边掉下来呢？原来，老练的吉娜在退场前已经用透明胶布把高脚杯粘在了桌边上。

事后，这位年轻的女演员领悟了其中的道理：任何时候都不能骄傲自大。她主动找到了吉娜，并向她诚挚地道歉。

谦虚的反面就是骄傲，或者说是自我优越感的膨胀。其实，有时候优越感只是一种很轻浮的自我意识，它会破坏你在人际交往中曾经树立的良好形象。使别人对你敬而远之，让人逐渐失去朋友，成为人群中的孤立者。

而当你自觉地收敛起这种优越感，表现得谦虚一点时，就能最大限度地寻找与他人的共性，达到实现人际交往的目的。是否懂得谦虚有礼，就像你赚到钱会不会轻易露富一样，说白了，关乎一个人的修养问题。

法国哲学家罗西法古说："如果你要得到仇人，就表现得比你的朋友优越吧；如果你要得到朋友，就要让你的朋友表现得比你优越。"

当你在人际交往中将自我优越感收敛起来，多流露出一点谦虚好礼，那么别人就会得到一种被你尊重的感觉；但是当你总是在别人面前表现得志得意满，那么就会令对方产生一种自卑，从而产生嫉妒的心理。试想一下，你在哪种情况下获利更多呢？有修养的女人早就认识到了，所以她们从不独享荣耀，也不与朋友平分荣耀，而是把表现荣耀的机会让给别人。

优雅女人的气质修炼课

懂得感恩,人生会少很多障碍

小时候,我们看待世界和他人的眼光总是充满爱的,那时候的我们会为一个小小的礼物而感恩,会为一丁点儿的零花钱而感恩,会为老师和家人的赞许而感恩。但随着年龄的增长,当我们长大步入社会之后,心却逐渐变得越来越冷漠,似乎再没有什么事情能让我们去感恩,有时候我们还会把一切的美好都看作理所当然。

一个人感恩的心态往往是和自己的幸福程度成正比的,时常觉得自己活得不幸的人大多不会有感恩的心态。也许有些女人会说,生活境遇好,人的心态自然好,家庭关系和谐也是正常的,自然懂得感恩。可这世上并不是所有的女人都拥有优质的生活境遇和和谐的家族关系,所以,还要强迫她们心怀感恩,是否有点强人所难了呢?

不可否认,人的幸福感和人的生活境遇的确有关系。但这里所说的生活境遇和我们通常所说的生活条件是两码事,一个好的生活境遇不一定要很富足,但生活在其中的人却能感受到幸福。这是心态上的富足。

一个善于发现生活美好的女人,她身边的环境和朋友都能成为她的祝福,也都可以成为她感恩的对象。活在这种心态下的女人会为清晨感恩,会为迎面吹来的清风感恩,会为生活中的一点小事而感恩。而且,即便是在面临危机的时刻,她们也依然能够以乐观的心态迎接挑战。

而心态贫穷的女人,她们的生活条件也许很好,但依然可能在生活中持有受害者的心态。受害者的心态往往是别人的不幸在他们眼中不值一提，而只有自己的不幸才是真正的不幸。

现在的人常常被人告诫要平衡自己的心态，这说明了什么？说明我们的心态在很多时候是不平衡的，很多人常常会觉得世界和别人亏欠自己很多，所以心里有个小人总想冲出来想和别人抬抬杠。不要小看这股冲动，它是很容易败坏一个人的心智的。

其实，我们焦躁，我们尖锐，我们刻薄，不外乎一个原因——我们心中没有底气，我们没有在自己的人生里有实际的储备：经济上没有储蓄，感情生活不稳定，居无定所，这些都会破坏一个人健康稳定的心智，这样的我们是很难对生活感恩的。

一个懂得感恩的女人常常会看到自己对别人的亏欠，她们内心会充满对别人绵绵不断的爱心；一个懂得感恩的女人的生活必定是凡事从简的，她们不会随意浪费钱财，不会透支身体，而是会很好地利用这些资源做更有价值的事情；一个懂得感恩的女人人生必然会少很多障碍，她会看到生活给予自己的富足，对于现在不能实现的目标会用耐心和信心做更多的储备。女人若能将自己生活中一切的不平都看平了，才算真正长大了。

优雅女人的气质修炼课

收起锋芒，做个闪光而不耀眼的女人

在这个处处充满竞争的社会，很多人都想争做人上人，这无可厚非。但是，真正优秀的人却大多力图让自己变得平实。人落魄的时候，都想着人前显耀风光，但是真正尝过显贵滋味的人却大多会把自己的姿态放得很低很低。如果你想成为一个优秀的女人，就要懂得收敛自己的锋芒，否则很容易遭人嫉恨和厌烦，或者成为众矢之的。

《庄子》里讲述了这样一个故事：有位叫阳子的人赶往宋国，中途借宿于一家客栈。客栈主人有一妻一妾，妻子长得美丽端庄，小妾长得其貌不扬，但是主人却特别宠爱小妾，对妻子反倒很冷淡。对此阳子感到有些诧异，就好奇地询问客栈主人这是什么缘故。客栈主人回答说："长得漂亮的女人自谓漂亮就骄傲起来，我就不觉得她美了；长得丑的自觉不好看，所以凡事体贴，我就不嫌弃她丑了。"阳子恍然大悟，深以为是。

聪明又漂亮的女人，总会给人留下很好的第一印象，也更容易被受到人们的喜欢。但如果没有含蓄内敛的品德，即使长得再漂亮，时间久了也会招人厌弃。因为，当女人面对这种明媚耀眼而且喜欢处处表现自己的同性时，大多会对她产生嫉恨，疏远她也就难免了。而对于男人来说，或许他们大多会被女人的美貌暂时迷住，但当他们发现自己喜欢的女人时时处处都表现得比自己还耀眼的时候，多半会收藏起这份喜欢。

人往高处走，水往低处流，真想走到高处，并且在高处坐得稳，就需要把身上的光芒适当地隐藏起来。善妒是人的本性，善妒可以转化为催人奋进的力量，让人成长，但如果任由它在心中肆虐，也会让人毁灭。也许我们可以控制自己不去嫉妒别人，但是我们不能保证别人不嫉妒我们。

漂亮和聪明，女人只要占据其一，就很容易端起架子来做人。所以漂亮的女人身边往往没有多少知心朋友，而聪明的女人也容易依仗自己的头脑将自己从人群中划分开来。可是，这种状态不但会影响到自己的人生前景，也会让自己的心理状态越来越失衡。人是高级的群居动物，生活在一起，不只是为了工作生活那么简单，我们需要社交，需要在漫漫人生路上相互扶助。所以，越是美丽的女人越要懂得收起锋芒，否则很容易让自己陷入孤立的状态。

姗姗是个很开朗的姑娘，大学毕业参加工作已经好几年了，可是一直没在一家单位工作超过一年，姗姗也不知道这是为什么。这一次，朋友又给她介绍了一个工作，入职第一天，姗姗把自己装扮得很精致，对这方面姗姗一直很注重，她不想比任何人差。她长得本身就很漂亮，再加上精致的妆容和得体的衣着，自然一下子就盖住了办公室里所有女同事的风头，而这也正是她想要的结果。

进入公司后，姗姗很想尽快融入办公室的环境，可是她却发现同事们对她都很冷淡，这让她有些想不明白。她把心中的疑惑对给她介绍工作的朋友说了，朋友建议她，要适当收敛一些，无论是在装扮上，还是在中作中与上司的沟通上。姗姗似乎明白了朋友的意思。那之后，她开始慢慢转变了着装风格，变得朴素了许多，而且在工作表现上也变得低调了许多。渐渐地，姗姗发现，原来对她不冷不热的同事开始变得亲切起来，很快她就交了几个不错的朋友，工作上也越来越顺利。

我们无须指责姗姗的同事当初排斥她的心理，因为这是出自于人本能的情感。一个长相出挑、聪明有才的同性，突然来到自己的圈子里，还试图与自己的圈子打成一片，这样会让她们感到自己的领地受到了侵略。而后姗姗明白了这其中的道理，学着放下轻佻的态度，收敛起自己的锋芒，可谓保全了自己，也成全了大家。主动示弱并非是懦弱的表现，在人人都将目光心思放到自己身上的时候，它可以让人免去戒备的心理，消除对方的敌意。

适当的示弱，掩藏自己的锋芒，不仅可以少一些敌人，还可以多一些朋友，何乐而不为呢？所以说，如果你总是时时处处锋芒毕露，那么身边就会多出许多讨厌你的人；而如果你懂得放下自己的身段，学会掩藏自己的锋芒，那么身边自然就会多出许多喜欢你的人。

成熟可以，但不要老于世故

　　成长过程中，总免不了许多磕碰，这些伤痛，有些是由经验缺乏带来的，有些是由玩世不恭造成的，有些则是因为我们太过自以为是。偶尔的受挫，还可以为自己找理由说是别人的原因，但长久处于不如意的境况时，我们多多少少应该做出反省，并要最终认识到自己曾经的幼稚与青涩。

　　成熟是什么？有人说，长大了，人就成熟了，可是又有多少人年过三十却还在啃老呢？有人说，结了婚有了孩子，人就成熟了，可如果真是这样，孩子遭受家暴的现象又为何屡见不鲜呢？所以，年长与否，成家与否，都不是作为一个人成熟与否的判断标准。

　　对于女人来说，成熟的标志首先应该是能够善待自己，能够与众人和平相处。一个女人，离成熟越远，就越容易和自己较劲，也容易和身边的人或环境发生冲突。其次，成熟的女人的生活状态也是非常稳定的，她们不会对生活有着过分火热的期待，也不会让自己活在散漫无序的生活节奏里。秩序、规整已经融入她们生活的方方面面。而幼稚的女人，生活状态会很不稳定，有时候她们干劲十足，火热异常。但过段时间，她们又会进入浑浑噩噩的状态。而且她们的感情不受节制，一会儿可能飙升到一个很高的情绪点，一下子又可能陷入完全绝望的境地。

　　但是，能否认识到自己的幼稚不是最关键的问题，问题是如何才能让自己成熟起来。幼稚固然是不好的，不过，急着长大也不是什么好事。有些女人到了一定的年纪开始学习揣摩人心，开始学习老练人的说话做事方式，用知识武装自己的头脑，然后在各种人际关系中斡旋。不过，这样的状态称为聪明是可以的，但若说这就是成熟的表现，则还远远不及。急着长大，就会不可避免地要出现傲气，并且越是急于求成，傲气就会表现得越明显。如果女人认为这是真正的成熟，那么将不可避免地成为老于世故的女人。

老于世故的女人很会说话，她们懂得揣摩人心，自然也懂投人所好。但是，这样的女人虽然能在很多场合八面玲珑，但她们身上有些东西是无法掩盖的，那就是大多数都知道她们在演戏。

而且，一个老于世故的女人，必然会凡事以利益为先。她们对一个人投入的时间和感情，往往是以利益作为衡量标准，而且在她们看来，这是理所当然的，和一个在利益上对自己毫无帮助的人在一起是资源浪费，是对自己的消耗。只有永远的利益，没有永远的朋友，这就是她们奉行的人生准则。过河拆桥，把别人做垫脚石，这是世故的人最典型的做事风格。

其实，一个真正成熟的女人必然是保持着单纯的特质，因为这个特质将会成为她生命里核心的凝聚力，不论岁月怎样变迁，不论自己的经验和见识有多少增长，这个特质都会像钻石一样镶嵌在最中心的地方。老子说"不失其所者久"，这里的"所"字是精神家园的意思，我们每个人都有自己的精神，也都有自己精神寄托的地方。成熟的女人，也必然拥有一个稳固的精神家园。但是一个老于世故的女人，因为凡事逐利而行，所以她们的生活圈就会时常发生变动，身边的人际关系也会很不稳定。这无疑是很不利于精神状态的稳定的，所以把老于世故的人称为精神上的流浪者是非常贴切的。

所以，对于女人来说，不要急着长大，不要想着在人群中出风头，而要像孩子一样，对这世界保留一份对纯真的坚守。很多女人正是缺失了这份坚守才会让成熟变质，她们急着长大，急着发光，急着甩掉过去的包袱，可是最终却把灵魂和人情都丢掉了。

　　成熟里必然有着对单纯的坚守，成熟的女人可以懂世故，但不要老于世故；成熟的女人可以发光，但要做到光而不耀。成熟的女人不会像老于世故的女人一样，才开始交往就和身边的人打得火热，而是懂得保持分寸，给热情留有很大的余地。这样做既是对自己的尊重，也是对别人的尊重。所以，真正的成熟不是故作老成，不是左右逢源，它包含着内敛、平和，并会用谦逊、涵养的精神面貌展现出来。

优雅女人的气质修炼课

做一个保守秘密的女人

　　女人的社交圈中总有会有几个闺蜜，闺蜜之间不仅会一起玩，一起乐，而且会一起分享秘密。跟男人比起来，女人是更愿意把心里的话向朋友倾诉的。这时候，作为听众，女人也多半是很称职的。但是，很多女人虽然善于聆听秘密，却不是很好的保密者。

　　尤其当一个女人的心性还不成熟的时候，常常会尝试用哗众取宠的方式吸引别人的注意力。一个人在人群中想要获得别人的注意力，通常有两种办法是最直接有效的，一个是分享自己的秘密，另一个就是分享别人的秘密。愿意分享自己秘密的人是需要有勇气的，女人大多没有这个勇气，但是分享别人的秘密却很容易，结果，朋友再三叮嘱不能对别人说的秘密，就这样轻易被她说了出去。

　　尤其在一些社交场合，当这些不能保守秘密的女人玩到开心的时候，她们常常会把别人的所有秘密都抖出来。因为她喜欢这种被众人包围在中央的感觉，她觉得这样的自己是有魅力的，殊不知，当她们把别人的秘密如此轻易地说出去的时候，已经丢掉了自己的节操。

　　口风紧不紧是很考验一个人的心理素质和人品的。一个习惯把听到的话不论好坏都传扬出去的女人，心性是很不稳定的，人品也是有问题的。

　　现实生活中，我们会发现有这样一种女人，她们长得很漂亮，性格也很开朗，喜欢笑，对人也很热情，身边的人有什么困难她也总是热心帮忙。

按理说，这种性格应该很讨人喜欢，她们的朋友一定也非常多。但事实却是，她们身边基本没什么朋友。或许有人会觉得奇怪，这样的人怎么会没有朋友呢？但当了解她们之后，大家的疑惑就会解开了。原来，她们都是口风不紧的人。朋友跟她说点什么，她们转身就会告诉别人。这样的人，自然没人愿意与她深交，即使是平常的交往，也会刻意回避她。

苏姝大学毕业后，找了一家实习单位，在行政部的办公室做文员。行政部一共有十几个人，大家平时相处得也十分融洽。但渐渐地苏姝发现，同事们都在有意无意地回避一个叫明珠的女人。明珠长得很漂亮，性格也很好，见人就笑。苏姝第一天来上班的时候，明珠还特意向她简单介绍了公司的情况以及行政部的各位同事，而且热心地帮助苏姝整理了办公桌。

自己初来乍到，能有一个人热心帮助自己，苏姝当然是非常开心的。所以，她对明珠的印象非常好，很想跟她成为好朋友。由于年龄相差不大，加上明珠又很热情，所以很快苏姝就和明珠形影不离了。一个月之后，两个人已经变成了无话不谈的好朋友。苏姝的家在外地，一个人背井离乡来到大城市闯荡，能够遇到一个对自己这么好的朋友，她非常开心，所以对明珠既信任又信赖，心里的一些秘密和心事都与其分享。苏姝是在单亲家庭长大的，父亲和母亲在她五岁时就离了婚，她一直跟着母亲生活。这么多年来，苏姝一直对父亲有心结，觉得是他抛弃了自己，所以从不主动联系父亲。有时候，父亲想她了，想跟她见一面，可是她却总是找借口不见。可是她心里却是很痛苦的，她把这种痛苦说给了明珠，希望可以得到安慰。明珠自然没让她失望，说了许多安慰的话，这让苏姝心里好过了许多。这之后，苏姝在明珠面前更是没有秘密了。男友劈腿了，母亲也要再婚了，所有事情，苏姝都不再隐瞒明珠。当然，这都是她的隐私，她不想让更多的人知道。

可是，让苏姝没想到的是，她的这些秘密在不久之后却成了办公室里

优雅女人的气质修炼课

其他同事闲暇时的谈资。苏妹不相信是明珠说出去的,可是这些事自己除了跟她说过,跟其他人从未提及。她去问明珠,明珠也默认了,而且明珠说,是自己不小心说出去的。

苏妹伤心极了,她开始疏远明珠。而且,直到这时候,她才明白,为什么办公室里的其他人都与明珠保持着一定的距离。

其实,朋友把秘密告诉我们,是因为信任我们,对我们毫无保留。我们应该做的就是倾听朋友的诉说,劝导朋友解开心结,更重要的是替朋友保守这份秘密。这是因为,大多数秘密都关乎个人隐私,是人们不会轻易向外人道的。所以,把别人告诉你的秘密说出去,是对对方最不尊重的一种表现。这样的人,自然不会招人待见,甚至还会人见人嫌。

口风不紧的女人,就像是气球有了破口。越是口无遮拦,破口就越大。而且她们多半没有城府,粗枝大叶。在她们眼里,生活中似乎没有什么要紧的事,什么话都可说。虽说大礼不拘小节,不过这样做却是没有礼貌可言的,也容易惹是生非,这种女人不但不可以跟她们分享秘密,甚至连做普通朋友都不可以。

所以,如果你不想成为人见人嫌的讨厌鬼,就不要成为守不住秘密的人。

一本书，可以让女人的灵魂得到升华

有人曾说，世界如果有十分美丽，没有女人，将失掉七分色彩；女人如果有十分美丽，远离书籍，将失掉七分内蕴。"腹有诗书气自华"，爱读书的女人，不管走到哪里都是一道美丽的风景，她们或许相貌平平，但却一定气质优雅，谈吐超凡脱俗，仪态清丽大方。

著名女作家毕淑敏说："日子一天一天地走，书要一页一页地读。清风朗月水滴石穿，一年几年一辈子地读下去。书就像微波，从内到外震荡着我们的心，徐徐地加热，精神分子的结构就改变了、成熟了，书的效力就凸现出来了。"

林徽因、杨澜和徐静蕾是不同时代的三个女人，和很多女人相比，她们可能算不上很漂亮。然而，她们三人却都是那种书香隽永、清新如荷的女人，高贵的思想和脱俗的气质让一些家财万贯的女人在她们面前自叹不如。林徽因飞扬的才情、单纯干净的心灵，杨澜才华横溢、处变不惊的机智和冷静，徐静蕾多才多艺、清雅脱俗的美丽，皆是拜读书所赐。书不仅给了她们思想和灵魂，还给了她们优雅、美丽和成功。

爱读书的女人更爱家，爱读书的女人更坚强，爱读书的女人更浪漫，爱读书的女人更可爱。她们把日子当成书来读，清风朗朗，水滴石穿，一年一年读下去，喜怒哀乐、酸甜苦辣、悲欢离合，无不在书中宣泄、消融。她们虽然很少远足，却以书为舟，云游四海。她们有着比别人更多的大气

优雅女人的气质修炼课

和潇洒，一如三毛所写："但觉风过群山，花飞漫天，内心安宁明净却又饱满。"

爱读书的女人每天也要洗衣、做饭、打扫卫生，但只要从床头拿起一本好书就会很快走出平庸无聊的境地；爱读书的女人虽然有时工作不顺心，身体不舒服，但只要躺在床上翻开一本喜欢的书，就会忘却烦恼、忧愁和病痛，沉浸到书中美好的意境里。所以有人说："书使女人在迷惘时不困惑，沮丧时不沉沦。"

爱读书的女人无论美丑，不分老幼，都是这个世界的美丽神话。从百岁老人杨绛，到被王蒙称为"文学的白衣天使"的毕淑敏，再到"80后"新生代女作家张悦然，读书女人的自立、自强、自爱之美，对平凡琐碎生活的热爱，对人生及命运的把握和关注，对事业积极乐观进取的气质，都在她们身上散发着迷人而温暖的光辉和智慧。

爱读书的女人说出来的话，写出来的文章，做出来的事，都会让人刮目相看。让人渐渐地忘记她的身材、她的脸，默读她的才情、风韵和智慧。她们是一道永远都让人回味的风景线。

爱读书的女人美在气质、气度和思想，爱读书的女人美在大气、从容和淡泊，爱读书的女人美在坚强、勤奋和努力。

莎士比亚说："书籍是全世界的营养品。生活里没有书籍，就好像没有阳光；智慧里没有书籍，就好像鸟儿没有翅膀。"

所以，爱自己的女人，千万不要让自己缠绕在琐碎的事务中，让心灵变得荒芜，甚至庸俗。而应该通过阅读书籍，来滋养心灵，提升气质，永葆魅力。

第5章_
心平气和，拥有好心态才有好气质

活得从容、优雅，这想必是所有女人的共同梦想。然而现实生活中，有很多女人却无法实现这个愿望，她们每天忙于工作，还要照顾家庭，所以常常把自己弄得疲惫不堪。她们从来没有暂停下来仔细想一想：为什么实际的生活和自己梦想中的差距如此之大？其实，她们只是活得太过急躁了，应该尝试减慢自己的步调，甚至尝试放空一下自己，这样就不会被社会上杂乱的声音打扰，也不会把一些偏见带入生活。这样一来，就会慢慢体悟到简单生活的乐趣，慢慢学会择中而行，不偏激，不散漫，从而有机会在生活中活得从容优雅。

优雅女人的气质修炼课

慢下来，细细品味生活

　　生活中，女人会听到各种各样的声音。这些声音告诉女人要超越自己，要通过各种各样的方法，摆脱自己的现状。乍一听，这些建议似乎并没有什么不对，毕竟人总是要进步的，有上进心不是什么坏事。但是这种声音听多了，有时候却会起到反作用，还会让女人的心态产生变化，甚至让原本积极向上的心态变得消极。这是因为女人大多心性柔弱，很容易相信一些论调，所以如果在现实中不能放平自己的心态，就很容易被周围各种各样的声音迷惑得找不着北。

　　摆脱现状，这是很多人心中的梦想。一般来说，人在越困苦的时候，这样的想法就会越强烈，正所谓穷则求变。但是，要想摆脱现状却并不能太着急。谁在这件事上着急，谁就是和自己过不去，因为有些问题我们必须一点点地花时间去解决。

　　小梅如今已经是上海一家外企的公关部主管了，三十几岁的年纪取得这样好的工作成绩是令人羡慕的。身边的朋友都很羡慕她，有一些年纪较小、刚刚大学毕业的同事也非常尊敬她，这些小女孩经常在私下里向她讨教打拼在这个国际大都市的"高招"。每当这时候，小梅都会给她们讲起自己十多年前刚来上海时的经历。

　　大学毕业后，小梅从东北老家来到了上海闯荡。她希望可以很快融入这座城市，并在最短的时间内在这里扎下根来。为了完成这个目标，小梅并没让自己空闲太长时间，住了三天旅店之后，第四天她就找了一个小出租屋，第五天就找了一份工作。就在小梅欣喜自己的转变即将来临时，等待她的却是新工作的"煎熬"。急于求成的心态让她不能适应需要沉心静气的工作，于是不到一个月她就辞职了。接下来一段时间，她辞职的速度更快了，第二份工作只干了半个月，第三份工作只干了三天，第四份工作甚至一天不到……这之后小梅便进入了漫长的待业期。那段时间，抑郁和焦虑折磨得她彻夜失眠。看到身边许多一起来上海的朋友都过得比自己安定，小梅心里很不是滋味。

不过，这段沉静的时间也让小梅慢慢懂得了一些道理，并开始接受了之前太过急功近利的事实，也接受了自己需要锻炼的事实，即需要"慢"下来的事实。如今回想起来她觉得，如果刚到上海的时候，自己能够安下心来接受一份工作的磨炼，或许人生步伐会比现在更进一步。

在这个快节奏的时代里，快，似乎是许多人追求的目标。人们走路快，说话快，阅读快，就连婚恋都打上了"闪"字的标签。可是当这种快演变成急功近利的时候，就很可能让我们在人生道路上越走越窄。

因此，如果你是一个焦虑地渴望摆脱现状的女人，那么大可以将自己的人生进程放得缓慢一点。想要学会说话，就先学会闭嘴；想要在人生的进程上飞跃起来，就要有先落后于别人的觉悟。当然，这并不意味着你要永远慢下去，而是说，真正的成长必定有一个漫长的积累过程，需要心性上的沉淀。这样的慢，也是为了保护你不至于在和别人盲目的较劲中迷失方向。

生活中有许多整天愁眉不展的女人，她们对自己现在的生活状态不是很满意，想做一些改变，却又不知道何去何从。其实，我们所处的环境并非是偶然的，即便换了一个环境，换了一份工作，我们需要面对的问题或许依然不会改变。在理想和现实冲突巨大时，很多女人会把问题推给社会，推给环境，自己始终保持一个受害者的身份。这种状态会极大地伤害健康的心智。

很多时候，一些女人会以为，只有心目中所期许的某个愿望实现了，生活才会变得好起来。这是典型的一劳永逸的论调，持有这样思想观念的女人在实现自己目标的途中会因为缺乏韧性而中途泄气。那些真正迈步在人生通途上的人，并非都是通过"逆袭"获得成功的，也并非每天都活在激昂的状态中。一个真正在稳步中前进的人，心性是平和的，身心是不会有很大负担的。

只有心性稳定成熟后我们才能体会到，驻守本处，我们的人生才能真正有所沉淀——不论是感情上的沉淀，专业知识上的沉淀，还是自信心上的沉淀。

守住本心，不要被物欲迷惑

现实生活中，我们常常会看到这样的情形：面对蛊惑人性的浮华和繁荣，很多女人失去了理智，被金钱和虚荣迷惑了心灵，浮躁地以为有钱就能获得一切。但是，当她们成为金钱的"奴隶"之后，当她们满足了物质需求之后，却并不一定会感到快乐和幸福，有的女人或许还会变得更加空虚，甚至觉得生活很无聊。这样的女人其实已经迷失了本心，忘记了自己当初所要追求的是什么。

小兰和小菊是同乡，而且从小到大都是同学。这一年，她们俩在高考中都落榜了，于是结伴来到省城打工。几经周折后，她们在一家毛纺厂找到了一份工作。

工厂的班组长是个四十多岁的胖男人，人品很差，经常对手下的女工动手动脚。见小兰长得漂亮，不怀好意的班组长便开始找借口对她动手动脚，小兰是个要强的姑娘，对这种事绝不会忍气吞声，她严厉地拒绝了胖组长的骚扰。结果从那之后，胖组长总是隔三岔五地找她的麻烦，而且对她的态度也越来越蛮横。小兰想到了辞职，但小菊劝她忍一忍，因为工作不好找。正当小兰决定再坚持一段时间的时候，有一天她偶然听到了小菊和胖组长的谈话。从他们的对话中，小兰惊讶地发现，小菊居然成了胖组长的"情人"。第二天小兰就辞职离开了。

小兰重新找了一份工作，小菊却依然留在之前的厂里。后来，小菊去

优雅女人的气质修炼课

找过小兰几次，小兰劝她离开那里，但小菊没有同意。再后来，两个人渐渐不再联系。

转眼一年过去了，有一天，小兰在街上偶然遇到了小菊。当时，小菊和一个五六十岁的男人正从一辆汽车上走下来。当天晚上，小兰和小菊在一个小酒吧见面了。小菊告诉小兰，白天她看到的那个男人是个大老板，有钱有势，如果小兰以后有什么事情需要帮忙的话，只要打个招呼就行。小兰问小菊："他会娶你吗？"小菊笑了笑说："你呀，还是这么迂腐？人家有老婆，我怎么可能嫁给他？再说，我也不在乎结不结婚。只要他能做我的后台就足够了。知道吗？很久以来，我一直想开一个美容院，我得有自己的事业，等将来有了钱，看谁还敢瞧不起我？"

小兰沉默了，她知道，她和小菊是永远也谈不到一起了。临分开时，小菊丢下一句话："我知道你心里鄙视我，可你清高，又能换来什么呢？"

两年后的春节，小兰和小菊先后回到了家乡。这时候的小兰已经是省城一家工厂的车间主管了，而小菊却似乎有些狼狈，听说她的那个男朋友成了经济犯，她也受到了一些牵连，虽然没有被起诉，但也被拘留审查了一段时间。

两个同在外地打工的姐妹，一个靠出卖自己换取了短暂的成功资本，而另一个拒绝诱惑最终守住了本心。故事中的小菊无疑是失败的，因为她活得失去了自我。

现实生活中，确实有一些女人，她们会为了迎合别人而生活。没有自我的人，总是考虑别人的看法，就会活得很累。没有自我的生活是苦不堪言的，没有自我的人生是索然无味的，丧失自我的女人是悲哀的。要想拥有幸福美好的生活，就要改变自己，主宰自己，不再去相信人言可畏，而是活出自己的尊严，活出自己的个性。

如今，打开电视、电脑，翻开报纸、杂志，国内随处都可以见到美女的征婚广告,并会用列举的方式把房子、车子、票子等条件一样样地摆出来。很多人都说现在的女人很实际,尤其是处于婚恋年龄的女人。这其实就是一种典型的浮躁心态,做事不稳重,焦虑,没有恒心,见异思迁,不安分守己,却总是想投机取巧。

然而,浮躁已经成为一种普遍的社会情绪,广泛渗透到我们的日常生活和工作中。浮躁让人失去了对自我的准确定位,让人随波逐流,盲目行动,它是女人生活中最大的敌人。浮躁就像一个黑洞,在社会中无声无息地旋转,吞噬了无数宁静的灵魂。

事实上,世上没有免费的午餐,尤其那些看起来是免费的东西,总会让女人付出更多、更宝贵的东西。女人爱自己,更要爱自己的尊严,不要让浮躁的金钱观淹没自己的羞耻心。一个失去自尊的女人无法自爱,甚至会出卖自己,连自己都不尊重的女人,怎么能够获得尊严,活出高贵来呢?只有彻底摒弃浮躁的心态,脚踏实地地生活,才能真正找到幸福和快乐!

优雅女人的气质修炼课

做好幸福的减法运算

在很多女人看来，幸福很大程度上应该是物质的叠加。所以，好多女人都在比谁拥有的更多，谁拥有的更好。而这也是很多人痛苦的根源，世上会赚钱的人不少，但在物质上获得了满足的人却并不一定真正地幸福，有时候，反而会因此而感到越来越空虚。于是，有些女人就会产生瘾症，所谓瘾症，就是用一种短暂的快乐去填补内心的空虚。赚钱、购物、人际关系等形式的活动，都会成为人们填补空虚的手段。

几十年前，我们的生活条件远远不如现在，那时候没有电视，没有冰箱，没有洗衣机。那时的人们也很单纯，每天想的就是努力挣钱，有了钱就往自己家里添置新的东西。也许现在听起来比较可笑，在那个时代，只要一台电视机，就可以把女儿风风光光地嫁出去。那时候，幸福就意味着添置更多的家具，家具越多，幸福就越多。不过，随着生活水平的提高和物质生活的丰富，这样的生活理念在当下却不再合时宜了。如果我们的幸福观还停留在几十年前的标准上，生活就会成为一场不堪重负的资源掠夺战。

现代生活，已经不需要我们再去追求繁复的东西，凡事精简的思维方式已经逐渐成为引领当代审美的趋势。无论是电子产品的设计，衣着服装的设计，人们的生活方式等，都在朝着精简的方向发展。

想当初，iPhone 刚出来的时候，绝对称得上颠覆了所有人对手机的理解。精巧的设计、超清的显示屏幕，还有那一款款立体可观的应用，无不让人为之疯狂。那么，苹果手机为什么能够在手机市场中后来居上，打败了传统的老牌企业诺基亚、摩托罗拉呢？不为别的，正是因为它够精简、够纯净。苹果其他系列的产品设计无不体现着这样的风格，并且越发地在这条路上趋于极致。

加法运算关注的是如何让自己变得更加花哨、更加庞大；减法运算关注的是如何让自己更加单纯、更加柔和。成熟的女人，也要懂得把生活的要求精简化。在幸福上善于做加法的人很多，但善于做减法的人才算真正懂得生活。追求越多，心态就越贫乏。

想要学会做减法，活出知足的人生，并非是口头上的事。一句话传到别人的耳朵中，只要几秒钟，而一个理念想要深入人心，有可能需要花好几年。这需要女人在生活方式上有彻底的改变。

要告别幼稚，走向成熟，过上精简的生活，女人要学会的第一课就是独立自主。一个从未独立过的女人其实根本不知幸福是什么。有些女人到了年纪也不参加工作，每天只是藏在深闺中自娱自乐，虽然父母可以养她，但这种生活方式对她们以后的生活一点好处也没有；还有些女人总是很散漫地对待生活，也不用心对待工作，只想着以后可以找个金龟婿。其实不难发现，人在生活中承担的责任越少，对生活的要求就越会显得荒谬。只有独立，才会让女人对生活有起码的感恩。一个女人，靠自己劳动获得的报酬，和从父母或者男人那儿支取钱财，使用起来的感受是大大不同的，因为一个人是可以从自己收入购买的东西中得到很大欣慰的，这种欣慰从别人给的花费中却是无法体会的。

能够养活自己后，女人要学会的第二堂课就是要告别繁杂的生活，让自己的生活足够简单。现实生活中，很多女人的生活都过于紊乱，没有条理。受到各种信息的冲击，她们的生活是呈碎片状态的。其实，我们日常接触的大多数信息都是没有多少价值的，但是很多女人却很难从通信设备

优雅女人的气质修炼课

上挪开，音乐和影视甚至成为一些女人生活的重中之重。如果在这方面没有表现出相当程度的节制，就很容易被这些作品里的价值观带走，把作品里的世界观投射到现实世界中。宫斗剧、职场剧看多了，就会觉得职场是一片烟火缭绕之地，韩剧、爱情剧看多的人也会不自觉地把浪漫的情怀投射到生活中。这些作品偶尔看看，多少会令人耳目一新，但是长时间观看，甚至沉迷其中，我们的精神世界就很容易被打乱，我们的生活也会因此受到很大冲击。

在耳目声色上有所节制对于女人来说非常重要，一个善于从生活中发现最质朴美的女人，才会安于平淡，才能时常有感恩的心态。

人心总归想要找个依托，尤其对于女人来说。很多女人迟迟不能从嗜欲的生活方式中脱离出来，是因为尚未找到更快乐的事物取代。断绝嗜好不是一件容易的事，在有意克制的同时，还得为自己找到更健康、更简单、更自然的生活。女人如果能把生活调节到简单、自然的状态，就会少了很多对生活的荒谬的妄求。幸福的减法运算，就是削减掉荒谬的生活欲求，在有限的条件里活出富足，还自己一个清净的生活氛围。

不要每天像赶集一样活着

现在很多女人总觉得自己被时代的步伐落下了，于是总想着拼命朝前赶，她们疯狂地涉猎信息，每天的思想就像深水炸弹一样在脑海里不断爆破，身体里有一股冲劲在支配着她们的行动。不过人的欲望越是强烈，往往就越会感到力不从心。

我们的心态就像我们的肌肉一样，要想保持在一个良好的状态，就不能时刻让精神紧绷着。精神紧绷的人，肌肉关节也容易僵硬，身体就舒展不开，而且这种状态特别消耗精力，也会给身体带来很大的负担。

我们常说这是个竞争激烈的时代，所以常常告诫自己要加倍努力。但现实社会的节奏也许没有我们想象得那么快，快到需要我们要废寝忘食地去追赶它。把问题想象得过于复杂，会把我们自己拖垮。现实的状况也许没有那么糟糕，但是在挫败感面前，女人很容易把障碍想象得像一座不可逾越的高峰。这种心理障碍会让女人做出两种反应：第一种，她们可能会就此丧失所有对生活的信心，自甘沉沦。第二种，她们会强迫自己做出不可能的事情，变得狂野、激进，像暴走的生物一样。第二种状态在很多国外的影视剧作品里都有所表现，这其实是对人性变异的一种隐喻。

比常人更努力是可以的，前提是要稳住节奏，自己要有信心，有恒心，有耐心。爱拼的女人不少，但有信心沉淀下来做出点滴努力的却不多。急躁的人很容易把自己看得一无是处，这与清楚地知道自己弱点是两码事。

优雅女人的气质修炼课

知道自己弱点的女人会有的放矢地针对自己的弱项做训练，在生活中也能够沉得住气，她们会看到自己每天点滴的进步，并且会活得越来越踏实。而把自己看得一无是处的女人，则会表现得像一只无头苍蝇，时而感觉自己什么都会，时而又会感觉自己什么都不会，心态经常处于两极地带。她们可能每天都感觉自己有很多收获，但是第二天又会重新寻找新的刺激点，如此周而复始，好像自己每天都在进步，其实一直是在原地踏步。

现实中很多女人都是这样，每天都很努力，每天学习的东西都很多，但是多年后，自己依然少有进步。本来带着焦虑心态去努力的她们，会因此变得更加不安。

晓欢是一名大学生，学习成绩一般，处于毕业季的她心态开始出现了一些不平衡。她看重的东西有很多——她看重每次考试的名次，看重别人对自己综合能力的评价。如今，毕业季找工作，她也想力争上游。但是她觉得这样还不够，她觉得像她现在的境况，需要花更多的精力追赶。于是她开始疯狂地涉猎各种信息，经常参加社团活动。没过多久，她就感觉自己的身体状态和精神状态开始有些不太好，每天早上醒来总觉得头脑很昏沉，白天也是无精打采的。

类似晓欢这样的人在现实中有很多，这种状态并不是只有学生才特有的。很多人在自己刚步入社会的时候，就想用最快的速度得到一切，想要获得圆满的、众人瞩目的成就，收获最幸福的家庭生活。不过，现实似乎总是在和这样的人作对，越是想要，就越是得不到。

在中国古代神话中，有一只怪兽叫饕餮，传说它是一只极为贪吃的怪兽，它吃尽了世上的一切，而且把天地、日月、星辰都吃掉了，最后没有东西可吃，就开始吃自己的身体，最后把自己也吃掉了。神话往往是有寓意的，现实里没有这样的怪兽，但人心里却有。人在心理失衡的时候不也正是这样吗？因为内心的饥渴空洞，就希望占有很多事物，有了之后想要占据更多，最后身体和意志也会被自己的欲望拖垮。有些人起初想要得到一切，最后却对人生完全丧失了信心。

很多外在的问题，只要我们沉心静气地去面对它，都是可以解决的。这些问题不足以成为我们生命中真正的障碍，只有内在的障碍才是真实可畏的。问题本身不会让我们变得极端，是我们自己对待问题的态度让问题越来越复杂，让自己越来越极端。

现在很多女人不是思想太落伍，而是思想太超前了，以至于她们的思想和生活不能正常接轨，而是飘在半空中。所以女人，尤其是年轻的女人，一定要掌握好人生的节奏，尽量让自己的生活规律化。生活的难题要有耐心地去逐个击破，不要试图一下子多点发力地尝试全部解决，那样最终会什么问题也解决不了。分清主次，调整好自己的心态，不把现实妖魔化，但也不把现实看得很平庸。这样，才可以在现实中找准自己的定位。

优雅女人的气质修炼课

不要道听途说，切身的体会最重要

　　生活中，我们经常听到一些男人说不能和女人讲道理，因为女人是不讲道理的。其实并不是女人不讲理，而是相对男人来说，女人的思维更加直接、单纯，简单点说，女人一根筋、认死理的倾向更明显一些。

　　爱读书的女人其实比男人更爱讲道理。不过，她们遵循的道理很可能并不是智者所言，而往往是很直接、很简单的生活道理。当下盛行短篇的心灵励志故事，女人就是它们忠实的追捧者。这种文章篇幅紧凑，逻辑连贯，偶尔读读会让人有茅塞顿开之感，能帮助我们疏通心智。不过读久了，就会发现里面有些东西和其他道理一样，是经不起推敲的。比如我们都比较熟悉的"温水煮青蛙"的实验，就是一个很好的例子。

　　"温水煮青蛙"这个故事本身的寓意很好，它用青蛙在加热的温水中慢慢失去警觉性，最终被水热死的结局来隐喻在现实中安逸度日的人，逐渐被舒服的环境消弭心智最终堕落的现象。

　　因为这个过程是一点点变化的，所以人们几乎感觉不到异样，待到醒悟时，已经太迟了。如果情况一开始就很危急，落差很大，那么人的反应也会更强烈一点，至少还能迅速做出应对措施。

　　多少年来，从没有人怀疑过这个道理的真实性，但这个颠扑不破的道理终究还是被打破了。一位细心的人士观察过夏天青蛙的栖息之地，他发现青蛙一般都待在柳荫或荷叶下，又或者是藏在阴凉的水草中，而在被晒得发热的水中却看不到青蛙的身影。于是他就对"温水煮青蛙"这件事产生了质疑，如果青蛙真的对加热的水没有警觉性，那么受太阳照射而自然升温的水里怎么见不到它们的踪影呢？他觉得青蛙没有书里描述的那么傻，于是就抓了一只青蛙回来，想要通过实验来印证这个道理的真实性。他将青蛙放进注满水的锅里后，开始用火慢慢对锅底加热，水温逐渐上升，那只青蛙开始变得越来越烦躁，游了几下之后就迅速地跳出了锅外。原来，青蛙在加热的温水中是能做出敏捷的反应的。

又比如，跳蚤效应。说的是将一只跳蚤放在杯子里，它可以随便跳出来。但如果在这个杯子上罩上盖子，跳蚤经过几次碰撞后，再跳起来的高度就不会达到盖子的高度了。而当把盖子拿开后，跳蚤依然不会跳得超过这个高度。这个故事用以说明那些经受过心理创伤和失败的人，将会很难从自我失败的心理障碍中走出来。但是人毕竟不是跳蚤，在人之上，也没有另外一个人可以像人对待跳蚤一样完全把自己的出路给封死。人都有背运的时候，调整状态，自我反省，还是可以东山再起的。如果照着"跳蚤效应"的逻辑推论的话，那我们在人生的道路上只会节节败退，永无出头之日。而且跳蚤效应本身也是不符合实际的。只要保证跳蚤正常的进食，再另外放几只跳蚤在里面，这只跳蚤的弹跳能力是会很快恢复的，绝不会一直保持在受挫的高度。这和人受挫一样，受挫的人在一段时间里会把自己封闭起来，这时候不论怎么给他们打气都无济于事。但是，只要还没有脱离这个社会，还与人生活在一起，那么这个人终将会重新振作起来。

温水里的青蛙不会被煮死，在玻璃杯中的跳蚤也总有一天会跳出去。这两个典型的实验在生活中和一些文章中反复被提及，但是，如果只是简单地照搬这种思维，你会发现自己已经被生活宣判了死刑。可能我们就是这只温水里的青蛙，境遇好时安逸度日，境遇不好时像摊烂泥，或者像这只跳蚤，怎么跳都跳不出去，或者跳出去了又会发现进入了另一个封盖的

优雅女人的气质修炼课

瓶子里。但是，我们也应该看到这些寓言故事的局限性，然后告诉自己，生活不像自己想得那么糟糕。

　　有人说，寓言故事的重要表现在"悟"的层面，如果非要以科学求证的方式或者物理实验的方式去验证，用以寻找现实的根基，那么就是一种愚蠢的行为。我们不是否定所有的寓言故事，像夸父追日、愚公移山这样的寓言本身寓意就很明显，而且逻辑上也说得通。这里说的仅仅是那些在逻辑上不能成立，只是为了传达某个道理刻意创造出的粗糙故事。人比其他动物的智慧和能力都要高出许多，为什么要从动物身上得到启示，这不是很奇怪吗？而且这些实验结果很多是为了说明某个道理而创造出的，里面都有着荒谬的成分，这些道理如果不加辨析地运用到生活中，会对生活产生扭曲的认识。

　　当女人对自己的生活缺乏专注，缺乏真切的体验时，她们就会倾向于简单地用某个道理来概括人生的意义，或者用小小的寓言故事来隐喻现实。但真实的生活不是用一个简单的道理就可以说尽的，懂道理不会帮助我们改善自己的生活，有时候明白许多似是而非的道理反而会成为我们正常生活的障碍，有些事情需要我们去切身体验，真正将自己的心思投入进去，才能真正看得透彻。

别人不赞美你，你赞美自己就可以了

没有人不爱听别人的赞美，女人更是如此。赞美可以让女人变得更漂亮，更动人，更有魅力，可以毫不夸张地说，赞美是女人最好的保养品。但是，并不是每人女人都能得到别人的赞美，那么，如果没有人赞美你，你该怎么办呢？难道就这样与赞美失之交臂吗？当然不会，没有人赞美你，你可以自己赞美自己。善待自己，时常赞美自己，才能发现自己的价值。一个懂得赞美自己的女人，才是真正聪明的女人，幸福的女人。

从前有一位国王，他有一位非常美丽的王后，两人非常相爱。

但是，王后却整天闷闷不乐，尤其每天面对镜子的时候，她就会觉得恐慌。她觉得她还不是天下最美丽的女人——因为她长着一对尖尖的虎牙。

虽然国王从不曾说什么，但是她一直担心，生怕有朝一日国王会移情别恋。

王后找来全国最好的牙医，把虎牙悄悄地拔掉了。然后，牙医给她镶了两枚假牙，假牙非常逼真，任何人都看不出破绽。

她高兴地去找国王，然而，令她大失所望的是，国王只用看陌生人的眼神看了看她，就冷淡地走了。此后很久，国王都不和她同房。

半年后，王后被打入冷宫，国王另娶了一位年轻貌美的姑娘做王后。对于这位新王后，国王宠爱有加。

被打入冷宫的王后非常失落，她想：新王后肯定比自己美丽得多。

优雅女人的气质修炼课

有一天,她在花园里看到了新王后,新王后冲她一笑。她惊奇地发现,这位新王后并不十分漂亮,而且,她也长着一对尖尖的虎牙!

原来,国王喜欢的就是有虎牙的女人。

王后本来深得国王的宠爱,却因为不自信,始终对自己的两颗虎牙耿耿于怀,认为它们破坏了自己的完美。直到她看见新王后的虎牙时才明白,国王喜欢的正是有虎牙的女人。这个不会爱自己,不会赞美自己的女人亲手毁掉了自己的幸福生活,可见,幸福就掌握在一念之间,只有爱自己,对生活充满自信和乐观的女人,才会抓住自己的幸福。

一个会赞美自己的女人一定充满了阳光和活力,也一定是一个内心充满智慧的女人。虽然,她不一定是天才,但一定是一个有着炽热情感和拼搏精神的人。也许,她也不是一个最聪明的人,但她一定是一个有着远大理想和抱负的人,是一个勤奋的不断追求向上的人。

这样的女人,不管她的人生是多么的平淡无奇,她都能在自己的身上找到闪光的地方,她都会时常给自己以慰藉和鼓励。不管生活多么艰难和困窘,她的心里都会永远洒满温暖的阳光,永远存储着对生活的憧憬和希望。

看到这儿,或许有的女人会觉得自己没有什么值得赞美的地方,长得不漂亮,工作很普通,家庭也没有值得夸耀之处……有什么值得赞美的呢?其实,赞美自己是不需要理由,就像人们常说的"爱不需要理由",随时随地,你都可以对自己说"你表现得棒极了"。每天找个理由赞美自己,你就会变得自信、快乐!每天发自内心地、真诚地赞美自己:"今天我做得很成功!"长此以往,就会发现自己变得很自信,烦恼、痛苦、忧愁也将渐渐地远去了。

从现在开始,就像对待女神一样对待自己吧。做做指甲美美容,做个漂亮的发型,做一个舒适的SPA,给自己喷一点味道纯郁的香水,无论什么事情，只要能让你觉得自己了不起，就去做。

　　记住，你一定要宠爱自己，因为没有人会像你爱自己那样爱你。宠爱自己就要从赞美自己开始，因为没有赞美，生命的舞台就会缺少激情，幸福的花朵就难以绽放。

优雅女人的气质修炼课

跳出攀比的死循环

攀比是人的天性，有时候它的确可以催人发奋，但有时候却也能将人摧毁。人有目标是好的，但攀比还是尽量不要触及，因为它给人带来的伤害远远大于它所带来的益处。当一个人陷入攀比的死循环时，目标会离现实越来越远，因此产生巨大的心理压力也在所难免了，甚至还会因此而把自己彻底否定。而且，长期处于攀比心理压制下的人，精神状态也会越来越糟糕，他们会出现失眠、食欲下降、抵抗力衰弱、容易疲惫等症状，严重的还会因此产生抑郁症。

生活中，有很多女人都曾经或者正在陷入攀比的漩涡中。她们的表现很明显，那就是在生活中不论做什么事，都喜欢自觉不自觉地压别人一头。东西想用最好的，升值加薪也总是迫不及待地想让身边的人知道。总之，有什么值得拿出来炫耀的，她们都会变着花样抖出来，同时还会在人前装出一副热心谦卑的姿态去鼓励别人。但若是别人真的在某方面超越了她们，她们心里就会特别沮丧，而且会想着在"下一局"翻盘。

这种心态在心理学里被解释为"孔雀心理"，是现代人中非常普遍的心理隐患。而女人天性中热衷攀比的心理原本就比男人重，所以现实生活中，"孔雀心理"在女人中更为普遍。这种心理会很容易把女人带进无止境的攀比的心理怪圈中，在这个圈子里，只有自己才能做老大。不遇见人还好，遇见人就会从头到脚地把对方打量一番来取得心理平衡，别人不如自己就看扁对方，别人超过自己也会选择视而不见或者在别人身上找软肋，只有当她们遇见一个几乎找不到弱点的人，才会暴露出自己无能自卑的一面。其实自大本就是自卑的面具，孔雀心理的本质就是缺乏安全感，所以这样的女人才会不断通过较量长短来寻找安全感。

习惯于攀比的女人，心灵大多是很刚硬的，因为自尊心过强，做事喜欢压人，这就会让她们很容易看到别人的"恶意"。因为充满竞争意识，所以她们会倾向于把身边的人都看作敌人，也因此会给自己制定很高很遥远的目标。这样做，会让她们错失很多生活中的美好，并且花费漫长的时间去和别人在物质、权位方面较量高下。这不但是对自己幸福和健康的透支，也会让自己身边的人长期感到闷闷不乐。因此，喜欢攀比的女人，要学会平和地对待自己，这种平和当然不是肉体上的舒服。而是心灵上的释放。

喜欢攀比的女人，往往会在生活中表现出苛求他人的倾向。她们很容易发现自己和别人当下的局限性，并且会歇斯底里地把高标准压在与自己亲近的人身上。比如有些女人对丈夫和孩子的期待很高，她们会有很强的望夫成龙、望子成龙的心态。身边的人若是稍稍在某一方面表现得不尽如人意，作为妻子或者母亲的她们，就会感觉天塌了一样，会有万念俱灰之感。种什么就收什么。人的心理预期会影响到很多事物的发展，苛求别人的心态里本来就隐藏了自己深深的自卑和过去的隐痛，苛求别人的结果若是没有引来别人的反抗，就容易使自己苛求的对象表现出深深的自卑。如果哪天自己苛求的对象从长期的自卑情绪中解脱出来，也会很容易变得异常自傲。

攀比的心态是每个女人都要直面的问题。不过，与问题做斗争的最好方式不是硬碰硬，与坏习惯做斗争的方式也不是和坏习惯直接对抗，而是要建立另一种生活方式。有人说，容易陷入攀比是因为缺乏对自己和别人

优雅女人的气质修炼课

理性的认识。说起理性，我们不禁要反问，难道和别人攀比的女人就丧失了理性吗？其实并不是，有时候她们对自己的现状还有别人的问题看得往往很透彻，理性在这时候会给她们带来更深的痛苦。那么，是她们的心灵缺少滋润吗？或许是吧，但这种滋润绝不是靠几个人说一些不痛不痒的话就能带来的。

在我们心理承受能力还不是很强的时候，懂得回避环境的试探也是一种勇敢、敏锐的选择。有人聚集的地方，总免不了要说到生活中杂七杂八的事情。女人聚在一起，就更容易出现这样的现象。三言两语，就会把人不平衡的心理给带出来。也许很多女人觉得大家聚在一起谈天说地不是什么大事儿，不过有多少女人因为喜欢聚在一起说闲话最终导致友谊破裂了？又有多少人是因为在同学聚会的场合，把功利性的话题带了进去，致使大家关系有了隔阂，变得不再单纯呢？我们自以为是的观念往往都是在漫不经心的时候随口说出来的。所以，自觉心理承受能力不是很强的女人在生活中要尽量回避大家三五成群地聚在一起谈天说地的行为。

说到底，容易陷入和别人攀比的心态中，还是因为我们对生活不够专注，目标不够清晰明朗，也没有找准自己的定位。其实，我们的心灵是很容易得到安慰的，只要我们每天都能看到自己的进步，就会愿意付出更大的努力来品尝这份喜悦。而当我们对自己的定位很模糊，一直在做无用功，看不到自己的进步时，就会异常沮丧。因为不了解自己，就会产生盲目和别人攀比高下的想法，最后焦虑会把我们的身心严重透支。

第6章_
追求品质生活，从简单中采撷情趣

经济适用，这是很多人对生活提出的标准。不过，如果女人一切从实用出发，在生活方面过分简化，难道不会让生活失去乐趣吗？为了购置奢侈品，让自己陷入生活拮据的境地固然不合适，但女人在生活格调上对自己有所要求，却也是有助于开拓人生格局的。格调不意味着奢侈，格调往往代表着品质、美感，它能让女人活得更加精致。

优雅女人的气质修炼课

适合自己的姿态才是最美的

　　人们常说，女人就像花一样。世上的花儿千姿百态，牡丹雍容华贵，玫瑰热情奔放，梅花清冷孤傲，兰花清新雅致……每一种花儿都以各自与众不同的姿态在世人面前骄傲地怒放着。女人如花，不仅要在外表上近似，也要在骨子里去模仿，那就是也要如花儿一样，以最适合自己的姿态去感悟生活，去享受生命。

　　以自己的姿态而活，这是女人的一种气度的表现。那么，什么样的姿态才是最适合女人的呢？或者说女人应该以一种什么样的姿态而活才算不虚此生呢？这个问题没有统一的答案，适合自己的就是最好的。

　　现实生活中我们不难发现，那些体会不到幸福真谛的女人，往往都是不清楚自己个性的女人，她们总是按照别人的评价来要求自己，结果处处感觉无法如意。传统的女性，纵使尊贵如公主，个性依然会受到压抑，这是由社会对女性的需要是以母性和顺从为主而决定的，因此，人们所希望看到的女性的姿态，往往都是温柔的，略显压抑的，这便导致整个社会一片柔情，女性本应该有的色彩却被弃之不顾。

　　当然，现在的女性在一片"解放"声中已经不必再受重重大山的压抑，那些最了解自己的女性总是活得率性洒脱、收放自如。

　　2004年，被称为乐坛鬼才的黄霑过世，一时间，几乎所有媒体都把眼光投到了林燕妮身上。

林燕妮乃一代才女,当年恋上黄霑这个有妇之夫,受千夫所指,却一直没有名分,心中遭受了诸多的苦楚,而最后,又因为第三者出现而与黄霑分手,结束了14年的恋情。期间的坎坷与磨难可想而知,但是,黄霑却宣称,在他一生的三段恋情之中,与林燕妮在一起的时光最有戏剧性,但林是他"最爱的女人"。这也就是为什么媒体一窝蜂似的把目光都盯在了这个才女身上的原因所在。

出乎意料的是,林燕妮,压根不想表现出人们以为的红颜知己该有的痛不欲生悔矣晚状,反而轻描淡写地说自己对黄霑已无感觉。这样的话对于正高度怀念鬼才的人们来说,是难以接受的,众人纷纷指骂林燕妮为"薄情女"。

林并不为之所动,而是说了这样一句话:我和黄霑的事情,不希企外人能懂。

爱也好,恨也罢,甚至无感觉也可,这都是林燕妮最切身的感觉,世人没有权利逼着她做出某种姿态。拜伦在写给已逝情人的诗里,无限凄婉地说:假若他日相逢,我将何以面汝?以沉默,以眼泪。的确,面对旧爱,何能潇洒?但又何必强迫自己潇洒?潇洒不是给别人看的,只有自己内心真的放下才能够潇洒。林燕妮看似不近人情,但是她的姿态又恰恰是最近人情的。这样的姿态才是她最美的姿态。

这世界上到底什么才是矢志不渝的呢?爱是一种真情,不是一种表演,不需要给别人看。同样,生活不是舞台剧,不需要看别人的眼光,依顺自己的感觉才是最美的姿态。如果凡事都要考虑别人的评价,那么我们就没有精力去做真正需要做的事,而且因为追求是虚无的,稍有闪失,会即刻落入深渊。

看到这里,你应该明白了,最美的姿态就是一切都不做作,又不以伤害他人为宗旨,一切都自然而然、无欲无求、处变不惊、水到渠成。更进

优雅女人的气质修炼课

一步说,我们做什么样的人并不重要,重要的是要自我感觉良好,即不管做了什么,做到何种地步,要的是心安理得,要的是恬淡自然。凭借自我的感觉或喜好,设置自己的人生,即使没有让人瞩目的成功,也不会毫无建树,同时又享受了一个自我实现的过程,这就足够了。

成为什么不成为什么,只是别人的感觉,那可能并不是自己心里所需要的,因此,我们不用刻意迎合别人的目光,而要把自己装扮成淑女、贵妃、公主或者天使,有了很浓烈的功利心态,即便最终得到想要的结果,也未必就会觉得幸福。因此,有相当一部分女人在取得了一定的成绩之后,都会发现自己非常疲惫,因为这不是自己最需要的,而再回眸曾经的理想,早已经面目全非了。

其实,女人是水做的,应该有一种自然的恬淡与宁静,有一种天然的柔美与壮观,只要我们能够放下包袱,把自在、休闲作为自己的一种姿态,就能领悟到幸福的内涵了。

选择你所爱的，爱你所选择的

生活是活给自己的，不是给别人看的，每个女人都应该有自己的生活方式，不必把目光放到别人身上，也不必在意别人的眼光。坚持自己的想法，做自己喜欢的事情，创造出有个性的自我，只有这样，我们才能做好自己，过得开心。

慧儿原本是一家外企的高级职员，薪水丰厚，发展空间很大。可是，三个月前她却毅然辞职，换了一份工作。新换的公司跟之前的外企根本不能比，薪水自然也少了很多。但是慧儿却一点也不后悔，反而觉得很满意。因为她这次跳槽的目的很明确——不是更高的薪水，而是更好的生活，更多的快乐。

慧儿五年前大学毕业后来到了广州。参加工作后她几乎每天都让自己处于紧张的工作状态中。因为她心中有很多梦想：早日买房买车，早日经济独立。所以，她拼命地工作，一点休息的时间都不留给自己。几年之后，梦想终于实现了，可是她却因为胃痛而病倒了。原来，由于长期忙于工作，慧儿经常三餐不定时，早餐更是经常不吃，结果胃出了毛病。这次的病让慧儿在医院躺了半个月。刚开始两天，慧儿很不适应，因为她已经习惯了快节奏的生活，习惯了每天有工作相伴的日子，所以她有些焦虑，可是渐渐地，她开始享受这难得的清闲。在这半个月里，慧儿终于想明白了，闲适和舒服才是真正的生活。

慧儿买的房子位于广州的市中心,周围有着许多美丽的景色。可是这几年来,因为工作太忙碌,她从来没有认真欣赏过身边醉人的美景,每天想的都是工作、工作。但是这种生活,价值到底有多大呢?思来想去,换工作的念头油然而生。

现在,慧儿终于如愿以偿,换了一份自己喜欢的轻松的工作,每天有足够的时间任自己安排,想干什么就干什么,轻轻松松地用心工作,真真切切地感受生活。选择了这样的生活和工作方式,慧儿的生活或许会离之前的富裕奢华越来越远,但是,能做喜欢的事,求真求实,让慧儿感受到了真正意义上的幸福,享受到了人生的乐趣。慧儿很高兴自己能够及时领悟:人生的快乐比金钱更重要。

对于每个人来说,生活的最终目的都是追求一种自我的愉悦、放松和欢快。能够做自己喜欢做的事是人世间最大的幸福,所以,慧儿是一个幸福的女人。

有句话说得好:选择你所爱的,爱你所选择的。不管做什么,只有坚持做自己最喜欢的事情,才会做得最好。这一点对于女性来说尤为重要。做自己喜欢的事,过自己喜欢的生活,这样的女人才懂得珍惜自己的生命,懂得享受生活,更懂得如何去爱。

如果你迎着太阳走的时候,身后肯定会有阴影,并有可能会被那些无稽的嘲讽者当作话柄。不过,不要因为别人的话而随意改变自己的初衷,走自己的路,看自己的风光,坚持自己喜欢的事情。前程或许风雨交加,或许星光灿烂,但回望走过的路,总是一步一个脚印的无悔!

伟大的科学家爱因斯坦在一群青年学生请他解释什么是相对论时,他生动而幽默地打了一个比方:"当你和一个美丽的姑娘坐上两个小时,你会感到好像坐了一分钟;但要是在炽热的火炉边,哪怕只坐上一分钟,你却感到好像是坐了两小时。这就是相对论。"把相对论应用到工作、生活中也一样，当做自己喜欢的工作，过自己喜欢的生活时，我们会更加努力、开心和快乐。

其实，面对现实，活出自我，每天能够快乐地做自己喜欢做的事，哪怕是听一首喜欢的歌，看一本喜欢的书，插一瓶喜欢的花，就是在爱自己，就是在让自己快乐地过好每一天！

优雅女人的气质修炼课

用激情唱响美好的明天

花儿最美丽的时刻是盛放的刹那,当它已经枯萎,那么再灿烂的曾经都将成为历史。对于一个女人来说,最美的时刻不仅仅只在某一刻,但最美的每一刻却都是充满激情的。所以说,一个失去激情的女人,就会像枯萎的花儿一样失去昔日的芬芳和美丽。

激情是什么?是澎湃于心的动力,是追求幸福的底气,是让女人们激动兴奋,快乐不已,为之鼓噪,心弦为之而颤动的一种力量。激情点燃了生命的动力,它是女人生命中最主要的能量。没有激情的女人是枯萎的,充满激情的生活才会让生命力长盛不衰。

人生在世,曲曲折折,千回百转,酸甜苦辣咸五味俱全。保持生活激情的女人,即便身处困境,也会苦中作乐,寻找出一些有意义的事情来做。所以,女人的一生都要保持激情。对生活充满激情的女人,心情总是愉快的,因为她对生活充满了期待和惊喜,不管生活中出现多少困难,她都有勇气去克服。

美芳觉得自己是个幸福的妻子,幸福的妈妈,每天守着老公和儿子,日子过得虽然平淡,却很踏实。美芳觉得自己想要的幸福就是这样,自己的小家已经满足了自己对幸福的所有期望。所以她不再去参加朋友聚会。为什么要去聚会呢?永远是相同的一群人,见来见去都见烦了。即使偶尔有几张新面孔,也绝对不是为自己准备的。哪里开了新饭店?开就开吧,反正自己大多数时间是在家吃，即使一家人去外面吃，也永远是旁边的肯德基、必胜客。什么地方名牌打折？打折就打折吧，如果顺便就去看看，反正不会特别兴奋，有什么好兴奋的？老夫老妻了，早就审美疲劳了。男人可不是白痴，不会因为你穿得像张柏芝，就心跳指数直线上升，还是平平淡淡好。报纸上年薪百万的招聘广告？看都懒得看，直接翻过去。人过三十不改行，做熟不做生，还是做一份习惯了的工作好。

美芳认为自己这个年纪，已经不再需要激情。因此，对一些事情，都持无所谓、不感兴趣的态度，对生活也不再有很多的期待。她的生活就像一潭死水，波澜不惊，清淡得近乎无味，她却安之若素。美芳之所以没有激情，就是因为她甘于平庸，心灵不再敏感，甚至对自己的明天持怀疑态度。

很多女人在做了妈妈以后，对身边的事情、外界的变化都不会再去关心，自身的发展也变得可有可无，就这样渐渐失去了对生活的激情。直到有一天发现自己一无是处，甚至连爱人和孩子也觉得她平庸时，她们才会感叹：曾经的活力、热情去哪了？曾经的干练、勇气去哪了？曾经的浪漫、细腻和敏锐都去哪了？

只能说，这样的女人从没有好好地宠爱自己。一个女人连自己都不爱，怎么指望别人来爱呢？迷途中的女人！及时醒悟吧，趁现在还来得及，赶快找到永远保持激情的办法，让自己焕然一新，这样才能去追求更有品质的生活。

如果生活每天都充满着激情与愉快，必然会更加精彩。你的热情不仅会点燃自己，还会点燃身边的其他人。如何才能做到这些呢？

每天早上一起床，就甩掉以往的烦恼，做好快乐过好这一天的准备。要让自己多笑，使自己心情愉快。走路挺胸抬头，让肢体语言表现出你的自信来。如果你的肢体语言厌倦了，大脑和感觉也会跟着厌烦。遇人先打招呼。快乐的人富有活力与激情，当她们遇见别人时，会高兴地向对方打

优雅女人的气质修炼课

招呼，把自己的好心情传染给对方。所以，你也可以试试。还可以做一些自己觉得有意义的事情，这样可以让自己更容易感到喜悦。学会发现身边的风景。当工作缠身时，一遍又一遍地做着同样的事情，你可能很难快乐起来。其实，生活不必如此例行。悉心观察，就会发现身边点滴的美丽，鸟儿在欢快地歌唱，花儿在静静地绽放，试着去寻找一些简单的风景，来打破工作的死寂，进而寻找快乐。还要学会享受你正在做的事情。尽管你不能做一些自己感兴趣的事情，但通过改变心态，试着热情地投入工作中，你仍然可以充满活力，仍然可以享受正在做的工作。经常锻炼身体是必不可少的，这样做能够激励你的能量等级，使你做任何事情都充满激情。多说一些积极的话，因为抱怨的牢骚只会加重消极失落的心情。还有一点很重要，那就是离消极的人远一点儿。消极的人只会削减你积极的能量，本来拥有一个好心情，但和消极的人相处一会儿，好心情可能就会消失殆尽。所以，应该与积极向上的人共同相处，围绕着他们，你就会感受到更多的积极的能量。

女人爱自己，就要调动激情去拼搏，挥洒激情去应对，满怀激情去体验！

喝酒的女人，非池中之物

说起喝酒与酒文化，自古以来都是以男人为主角的，时至今日仍不例外。只是男人喝酒，说来说去，也不过是哥们弟兄那点事儿，但女人与酒的关系则要显得意味悠长了许多。一般的女人不喝酒，喝酒的女人都不一般。天生爱喝酒的男人很常见，但天生爱喝酒的女人却少之又少。女人喝酒，多半是因为情。所以有人说，爱喝酒的女人倒的是酒，喝的是情，醉的是爱。

喝酒的女人也分品类，她们喝酒的神态和醉态都能反映出她们的个性。有人就对此做了一个很好的总结：

英姿飒爽的女人在酒桌上，往往酒到杯干，来者不拒。她们豪放与内敛并重，有大丈夫的气度，所以被一些男人引为红颜知己或者是大姐大，这类女人会让男人又敬又爱。

冷静坚强的女人，在酒桌上将会是一道靓丽的风景线。她们气度不凡，在酒桌上既不劝酒，也不助兴，只是端正身姿聆听身边的人说话，有人敬酒也不拒绝。这类女人意志坚强，洞察力也很敏锐，所以即便酒量也许不是很高，但是人们要想见到她们的醉态却也很难。

还有一些天生丽质、聪明伶俐的女人，她们往往懂得保护自己，这类女人在酒桌上喜欢劝酒，自己却很少喝，也喜欢装醉。她们很聪明，自我控制能力也很强，做人做事会有很多聪明手段。也许她们做人的格局不是很开阔，却也是大醇小疵，容易得到男人的爱护。

心灵较为幼稚脆弱的女人，往往会在不该醉的时候喝得酩酊大醉，然后将她们的一肚子苦水都吐出来，哭得稀里哗啦。这样的女人一旦喝醉，很可能就会让酒桌上的一些人产生尴尬或讨厌的情绪，当然也会让一些人心生怜爱。这类女人心灵脆弱，男人如果保持距离地爱护她们，对彼此来说都有好处。

喝酒时点到即止的女人，大多性情内敛，不事张扬。不同于冷静坚强的女人，她们虽然也有矜持的一面，却不愿意与周围的人有更多深入的交涉。她们也很少参加酒桌聚会，如果不得已参加，说明给足了主人面子。如果有人给她们敬酒，她们会示意地举杯抿两口，但是大家喝一圈下来，也许也不会见到她们的杯中酒变少。她们对酒桌有着一份天生的警惕，即便自己酒量不小，也不会在人前多喝。如果没有人主动搭话，也许她们从头至尾都不会说几句话。她们对酒桌上的那些豪言壮语和客套问候也是充耳不闻。若论酒场文化，她们肯定是被拒之门外的。不过这样的女人却很受男人的青睐，男人多半还是希望找个矜持内敛的女人作为妻子的。

说完女人在酒桌上的喝酒方式，再谈谈女人自己一个人喝酒时的情景。在中国酒桌上，不论男女，大多喝的是白酒或啤酒。但是在没有正式需要应酬的场合，女人若是喝酒大多会选择红酒。红酒的红色是浪漫的色彩，它象征着爱情，也更能代表女人心。女人只有在喝红酒的时候，才有心情去品味酒的味道。酒桌上是喝给人看的，红酒却是为自己喝的。酒桌上的酒一饮而尽，不需要懂，也不需要品味，红酒却会让女人从中读出自己的心声。

品酒与喝酒的区别就在于思考。品酒是生活的雅趣，粗枝大叶的人是很难领略其中的滋味的，会品红酒的女人必然是精致出挑的。

品红酒也是一门学问，三言两语难以说尽。就步骤来说，先从观色开始，然后开始摇晃、闻酒、品尝、回味，至于酒品质的高低好坏，传达给人的层次感如何，需要女人自己在生活中多多实践，加以甄别。

品酒也是一场感官的盛宴，不单要注重品酒本身，还要注重氛围。灯光和音乐都要与此时此景融合无间，这样才能让情调自然地释放出来。品尝红酒时，最好选择在灯光比较柔和、昏暗的地方，这种光线射在周围会让人觉得很静谧、很舒服。柔和昏暗的光线也会让瓶身看起来很干净，在亮光的照耀下，酒瓶不论怎么擦拭都会沾染一些微尘，这也会影响人们用餐的心情。心理学家研究发现，在享用葡萄酒时如果选择合适的背景音乐，将会大大提升酒的口感。并且，不同风味的葡萄酒适合不同风格的音乐。当音乐和灯光，还有餐具的摆放都安排到位时，人便进入了品酒的状态，整个身心呈现出最舒适的状态。

女人在累的时候打开一瓶红酒，可以借此洗涤身心的疲惫，红酒鲜红的颜色也会直接冲击到女人，唤醒女人迟钝的心灵，它的苦味、涩味还有酸味交织在一起，也能让女人领略到其中淡淡的甘甜。所以，偶尔喝点小酒，就等于在品尝人生的各种味道，如果你想成为一个生活有品质的女人，不妨来试一试。

优雅女人的气质修炼课

喝茶的女人，别有一番情调

如今说起"道"字，很多人都会联想到日本，如剑道、禅道、香道、茶道等。不过，若真的论起道的渊源来，还得推及中国。中国才是各种"道"文化的发源地，至少在唐代以前，中国就已经将茶饮文化作为一种修身养性的学问了。林语堂先生说："只要有一壶茶，中国人到哪都是快乐的。"

如同酒一样，茶在人们的眼里好像从来都是属于男人的。的确，真正会品茶或者说喜欢品茶的女人确实不多，得茶之道的女人自然就更少了。正所谓，物以稀为贵，如果哪个女人真正发自内心地喜欢斟茶、品茶，那么称她们为女人中的"极品"也不为过了。对于真正懂得茶道的女人来说，与茶的一次短暂交会，便可以抵得上十年的红尘滚滚。

红楼梦里描述了一段茶香四溢的场景，那是妙玉沏茶的典故。当时，贾母连同宝玉、黛玉一群人来到栊翠庵来寻妙玉，妙玉为他们分别沏了茶。妙玉给贾母献上的茶用的是陈年雨水，给黛玉用的却是梅花尖上的雪水。不过，黛玉却没有品味出这其中的差别，也不知道这是一杯雪茶。妙玉因此冷笑道："你这么个人，竟也是个大俗人，连水也尝不出来！这是五年前我在玄墓蟠香寺住着，收的梅花上的雪，统共得了那一鬼脸青的花瓮一瓮，总舍不得吃，埋在地下，今年夏天才开了。我只吃过一回，这是第二回了。你怎么尝不出来？隔年蠲的雨水，那有这样清醇？如何吃得！"

这一段描写在红楼梦里也算是令人印象深刻的场景了，像黛玉这样冰

140

雪聪明的人，在渊深的茶道文化的妙玉跟前也只能算个俗了人。妙玉这番以茶辨人的论调也许有些轻言妄断，不过也可从中看出品茶的确是对人内涵的一种考验。

茶可以解腻，可以去烦，可以涤出胸中浊气，也可以释然胸中块垒。茶的养生功效已经是众所周知的事实。其实，茶还有美容养颜的功效。譬如金边玫瑰，富含多种维生素以及单宁酸，具有超强的抗氧化剂，能提高人体的新陈代谢，淡化色素，使女人皮肤更白皙、光滑。此外，茶还有去脂消食、减肥瘦身的药理特性，对女性的塑身可以起到很好的辅助作用。

爱喝茶的女人一定散发着清雅、恬淡的气质。她们不但能够汲取茶之精华来滋养身体，还能将茶味与自己的精神相贯通，茶的和谐、沉淀、悠远在她们身上会得到具象化的体现，变得清晰可感。所以，得茶之道的女人必然是表里澄澈、心性平和的。

苏东坡说："从来佳茗似佳人。"一二十岁的女人像绿茶，青涩芬芳，纯净自然，青翠欲滴；女人三十如香气馥郁的乌龙，入口微苦，转而回甘，品茗乌龙能够怡情养性，安静从容；四十岁的女人就像是陈年普洱，口感浓郁醇厚，岁月的积淀使得它每一口都令人回味无穷。

曹雪芹说女人是水做的，所以，做一个水一样灵动的女人并不难，只要将天性展现出来就可以了。但是要做佳茗，则需要经过后天繁复的工序，正如茶叶需要经过一道道繁复的工序，最终才能达到色香味俱佳的品质一样。女人也是如此，必须在心性上经历过精细地酝酿，才能在洗尽铅华后依然散发出沉香之味。这样的女人也许没有丽质天成的美，却能够在举手投足间展现出成熟女人的风姿，透露出知性美。

梦凌在大学毕业之前，只是一个俗气又任性的小女人，无知无畏，粗鲁直接。虽然她长得漂亮，身材也很苗条，但是她的性格却让人真的喜欢不起来。毕业多年之后，同学再聚，大家都对她刮目相看了。这时的她举

优雅女人的气质修炼课

止端方娴雅，谈吐间也有着一般女人所不具备的从容不迫，而且岁月好像在她脸上没有留下多少痕迹，她的皮肤依然和上学那会儿一样紧致细腻，而且眼神也比以前深邃了很多。

同学们争相问道："你这些年是怎么过的啊，保养得这么好，人也变了。"她笑笑但不说话，只让大家都坐好，把心收起来。大家面面相觑，都等不及地让她别卖关子了。她站起来，取出一罐雀舌茶来，煮水、烫壶、放茶叶、温杯、高冲、低泡、闻香，她非常娴熟地把泡茶的过程在大家面前完整地展现出来。然后，她含笑说道："这壶里小小的茶叶，原本只是生于峡谷丘壑之间，虽然晨饮清露，暮浴晚霞，也算集天地之灵气了。不过，若是不经过这一连串的打磨加工，最终也不过是毛茸茸的树叶，毫无用处。只有被采摘下，上炉烘焙，揉掉多余的水分，才算真正成型。不过，这时的茶叶虽然已经样貌具备，但若不与沸水相遇，最终摆上茶几供大家品味，它就仍是无用品。"

听了她的这番话，同学们好像都悟到了些什么，变得安静起来，并捧起了一盏盏清茶，息心凝神地品味起来。

女人固然可以凭借出众的外貌、出挑的装扮让自己看上去显得光彩照人。不过，一个人的气质往往是从骨子里透出来的，这是多少浓妆艳抹都不能掩盖的。懂茶的女人有一种出自天然的魅力，这种魅力会让身边的人本能地想去接近她，欣赏她，解读她。任岁月如何打磨，那浸透在灵魂深处的馨香之气总会微微透露出来。

让香气浸透到你的灵魂里

有人说，不用香水的女人是没有未来的。或许有很多女人对此不以为然，不过，当她们在一些社交场合中，真正遇见一些举止从容，一颦一笑都散发着芬芳的女人时，就会发觉，这样的女人受欢迎不是没有理由的。所以说，香水是女人品质生活中不可或缺的一员。

经常闻香水的女人，就和经常看时装的女人一样，会在这方面有独到的品位。独到的品位会让她们更加注重是否能够很好地展示自己的魅力。对于她们来说，香水就好像气质的代言人，虽然无声，却胜似有声。

熟悉的气味能够带出人过去的记忆。如果你找准了自己的香水味，并且习惯使用那种香水，将会使别人更容易记住你。气味是一种很特殊的信息，眼睛看不到，手摸不着，耳朵听不见，但人们若是闻到某种香气时，会自然而然地回忆起很多信息。独特的香味会让人耳目一新，感觉回到了纯洁的状态。人是很容易忘掉一些东西的，但是香味却能唤醒人的很多记忆。尤其是女人涂抹过的香水味，是很容易在男人的心中留下深刻印象的。多年以后，一些男人也许已经不记得初恋的样子，但是只要初恋用过的香水味从他面前飘过，他们或许就会感觉自己好像又进入了初恋的状态。而一些聚会场合中，女人独特的香水味掺杂在空气中，也会让想见到自己的人异常兴奋。可见香味在一个女人的形象中占据了多么重要的位置。

香水也是有性情的，有些香水给人的感觉华贵典雅，有些香水给人的感觉则是清新异常，有些香水则有农家果园的风味，有些香水则是浓烈的热带风味。每个女人都要根据自己的喜好来选择适合表达自己性情的香水。

香水的选择不单单要考虑到性情方面的差异，也要注意到不同的使用场合来区别对待。选择与自己性情不兼容的香水会让人觉得诧异，而不看场合只用一种香水的女人，也会让人大跌眼镜。

在隆重的聚会场合，女人不能像在生活中一样使用味道淡雅的香水。这种场合，选用的香水应该和自身的服装搭配起来，比如在晚宴中身着晚礼服的女人，应该使用格调高、气味浓郁的香水。但同样是隆重的场合，在参加别人婚宴时，则不能使用气味浓郁的香水，这样会有喧宾夺主的嫌疑，很不礼貌。在小范围内的聚会场合，使用香水的人不会很多，这时应该选用气味淡雅的香水，如果气味太浓，则会让周遭的空气里都弥漫着香味，让别人觉得不舒服。家庭聚会的场合同样是这样，浓烈的香水味会让长辈们不悦。在面试或者工作的场合，女人也不应该涂抹浓烈的香水，这样才不至于影响别人的工作氛围。

香水的选购是很考验人的的品位和技能的。但是有个基本原则是不会变的，那就是你必须一个一个去闻，一个一个去比较。对香水的选择和衣着品位一样，名牌或者名香不一定能取悦你，只有你自己去尝试过，比较过，才能慢慢摸索出自己喜欢的类型。

不过，这里所说的尝试并不是让你在网上随便购买一箩筐的香水回来慢慢闻。普通的香水也得要百元左右，好的香水价格会高出更多。即便你买了好多种，也不能保证就能从中找到自己喜欢的气味。这是最愚蠢的做法。当然，看网上评论就更不靠谱了。在这方面，最节省成本同时也是最简单粗暴的办法就是去实体店一个一个地去闻，每个品牌都去尝试。你可以要求店内的服务人员为你试味，好的香水都是有前味、中味、后味的。不要在一开始就否定某款香水，请耐心等待前味过去后，再细细品中味，这个过程很短暂。但是中味进入后味所经过的时间就比较漫长了。如果一次不能在皮肤上尝试很多香味时，可以要求服务人员把香水滴在试纸上，这样就可以带回家慢慢品味了。

选购好了自己心仪的香水，那么就要谈到香水使用方面的问题了。女性在使用香水时，注意要将香水喷洒在热量散发较大的地方，这样香气容易借助体热散发。通常人们喷洒的部位有手腕的脉搏处、耳后根、脚跟内侧。但是，热量过于集中，出汗量很大的地方就不要涂抹香水了，这些地方容易让香气的挥发变味，像腋窝、膝弯处都是需要喷香水时避讳的。

女人头发上也是可以抹一些香水的，这样清风吹过，会给人一种说不尽的清新感。但不是直接往头发上喷。这样香味会散发得太直接太浓郁。我们可以把抹完身体后剩下的香水抹在头发上。如果只抹头发的话，我们可以把香水喷头的距离拉远再喷到手上，将稀疏的香水从头发内侧往外抹，这样香气的散发就会有含而不露的效果了。

习惯使用香水的女人，这种香水味也会把周围的人带入她的灵魂世界里，即便这种香水味不是从这个女人身上发出的，那些对之印象深刻的人也会凭着这股香气，重新置身于有她的世界里。可以说，香水味，就是女人灵魂的味道。

优雅女人的气质修炼课

会"作"的女人才能品味生活的真谛

"作女"这个词,源自当代著名女作家张抗抗的同名小说《作女》。所谓"作女",指的是那些不会安分守己、自不量力、任性而天生热爱折腾的女子,有人因此觉得"作女"是一个贬义词。其实不然,"作女"之所以"作",是因为虽然她们"作"的方式不同,但都有一种相同的精神状态,那就是永不知足、永不甘心、永不认命、永不安分,这与品质好坏无关,关乎的是不同的精神状态。

尽管在当下,女性早已脱离了旧时只是男人"附属品"的枷锁,但不可否认的是,女人大多还是未能真正撑起"半边天"的。从这一点上来看,"作女"无疑走在了大多数女人的前面,她们大多比较独立,有自己的想法,绝不甘心做男人的附属,总是与周围的人,甚至与自己较劲。"作女"无论在哪个时代都是极具代表的,都有着特点鲜明的属性。当然,并不是所有女人都有资格"作","作"也要具备一定的基础,要有良好的教育,要对生活有坚定的信念。

小说《作女》中的女主人公卓尔就是一个不安分守己、自不量力、任性而天生热爱折腾的女子,她在事业上非常成功的时候,离开了所在的喧嚣的城市——京城,去追寻内心的自由。其实,只要睁大眼睛,就会发现,卓尔就生活在你我身边:或是同事、朋友,或是同学、姐妹。她们挑战社会,永不安分,一路吸引着男性的目光,一路引起公众的诧异。

"作女"常常用尽心竭力的态度对待工作，用游刃有余的态度享受生活，用任性不拘的方式显示自己。她们对于生活中出现的难题，敢于面对，善于解决。她们认真而能干，聪慧而矜持，活得风光，过得潇洒。

林徽因可以称得上是"作女"中的典范。作为一位活跃于二十世纪上半叶的诗人、作家、美术设计师兼建筑学教授，林徽因不但美貌绝伦、高贵脱俗，而且才情超凡、智慧过人。著名诗人徐志摩对她一生倾情，逻辑学家金岳霖为她终身不娶，建筑学家梁思成因她成就伟业，这些都从侧面体现了她的魅力。

林徽因虽然没有把更多的时间留给她的孩子们，但她却把平等的友谊和尊重，还有爱给了他们。她成为最杰出的妇女，成为男士理想中的女性，成为吸引年轻人的偶像，成为大家乐意接受的朋友，是因为——她要"做自己"。

林徽因就是那个时代的"作女"，她向来是群体的中心。她绝顶聪明，心直口快，个性好强，曾有一位朋友这样描述她："她说起话来，别人几乎插不上嘴。徽因的健谈绝不是结了婚的妇人的那种闲言碎语，而常常是有学识、有见地、犀利敏捷的批评……她从不拐弯抹角、模棱两可。这种纯学术的批评，也从来没有人记仇。我常常折服于徽因过人的艺术悟性。"

林徽因毕生都在用她的才情、真情和热情歌唱着她心灵的诗歌。林徽因温雅时尚，知性慧心，率真坦诚，执着坚韧，她可以享受风花雪月的浪漫，也可以忍受贫苦疾病的磨砺，她张扬着自己独特的品格，成就了自己多姿多彩的亮丽人生。可见，"作女"当如林徽因，要既耐得住学术的清冷和寂寞，又要受得了生活的波折和痛苦；既可以在沙龙上作为中心人物被爱慕者如众星捧月般地包围，也可以在穷乡僻壤、荒寺古庙中，不顾重病、不惮艰辛与梁思成考察古建筑；既可以因出身名门经历繁华，也可以在战争期间繁华落尽时困居李庄，亲自提着瓶子上街头打油买醋；既可以旅英

优雅女人的气质修炼课

留美,深得东西方艺术真谛,英文好得令费慰梅赞叹,也可以在一贫如洗、疾病缠身时,仍执意留在祖国受苦。

这个世界对于女人太过苛刻。女人既要天生丽质,又要身材苗条;既要出得厅堂,又要下得厨房;既要挣钱理财,又要治家理家……陷在这么多的要求中,女人早已被压得喘不过气来,自然无法让所有人都满意。既然这样,我们为什么不能适当地放纵一下自己,发挥一个"作"的潜质,体会一把作女的疯狂生活,张扬自己的个性,释放自己的激情呢?

"作女"其实是新时代女性的一种现象,"作女""作"的目的不是改变物质条件,也不是改变命运,而只是要让自己活得像自己,让生命力得到最充分的张扬,使自己活得更精彩。

一个人去旅行，风景会更美

时间飞逝，我们在无意中发现，很多事情已经来不及了——来不及享受童年就已经长大，来不及放纵青春已经散场，来不及恋爱就已经走进婚姻，来不及美丽容颜已经衰老……时光留不住，春去已无踪。当我们领悟到这一点的时候，其实一切还不算太晚。从领悟的这一刻起，我们就应该抓住一些还能抓住的东西，比如来一场说走就走的旅行，去看看远方的风景，去涤荡一下自己的灵魂。

一个人去旅行，用这种独特的方式到更远的地方看更陌生的世界，应该是很多女人的梦想。因为去过的地方越多，见过的人和风景越多，装进心中的美好也就越多，而自己的心胸也会因此变得越来越宽广。从你想到这件事的这一刻起，抛开生活和工作的压力、烦恼和牵绊，把心事锁进抽屉，把未知留给自己，背上背包出发吧。

一个人的旅行不是消极逃避，更不是沉重的叹息，而是一种自我的觉醒，是一种满心欢喜的放松。一个人旅行去不去知名的地方不重要，重要的是远离熙熙攘攘的人群，可以随心所欲地冒险，无拘无束地放歌。

一个人的旅行有曙光里扬帆出海的雄壮，也有日出时山顶呐喊的豪迈；有晚霞中山林沉思的凝重，也有月色下信步沙滩的惬意……

一个人旅行可以去呼吸自由，去苍凉的大漠欣赏笔直的孤烟，去广袤的草原上注目雄鹰奋力的翱翔，去神秘的雪山下体会牧羊人的心境，去博

优雅女人的气质修炼课

大的海洋里收获奔腾的激情……

旅行可以让女人从生活中的琐碎里解放出来，再次回到轻松、单纯、个性的少女时代，没有目标，没有责任，也没有复杂的情感。

没有什么比旅行更能打动女人的内心，它满足了女人对精神和物质的双重需求。旅行可以让女人感受超越的愉悦和自由的狂喜，旅行可以让生活不再充满单调、冰冷和功利。

关爱自己，从一个人的旅行开始。旅行的女人，可能会在旅途中完成自己的一段传奇，如一个奇遇或一段恋情；旅行的女人可以最大限度地满足自己的好奇心；旅行的女人可以为以后的聊天备足话题；旅行的女人可以把积攒的钱花出去，以免经常算计；旅行的女人可以去长长见识；旅行的女人可以去享受生活，回归自然；旅行的女人还可以借机跟原来的生活告别，让自己从此走上新的生活……

二三十岁的时候，旅行是女人的情感沙龙，让女人在游历中整理敏感的思绪，并把繁杂的心情沉淀下来；过了四十岁，旅行会让女人明白除了家庭还有梦想没去实现，也会提醒女人最美的风景在自己心中……

美丽的女人，每个阶段都会有不同感觉的美丽；聪明的女人，不仅懂得呵护别人，更懂得照顾自己。爱自己的女人既美丽又聪明，她们的旅行是浪漫的，可以让梦想得到滋养；她们的旅行是时尚的，可以让自己变得更加细腻、唯美，心思更加丰富；女人的旅行是深刻的，可以让身心彻底沉淀在天地之间的自然景色中，并且享受其中的乐趣；女人的旅行是奇妙的，可以让心灵放弃思考，让性感与粗糙、天真与虚荣、优雅与庸俗，所有的所有都呼之欲出。

常常会因为一首歌、一部电影、一段文字甚或一幅图片，就让女人开始了对那个遥远地方的守望和追寻。常常在午后慵懒的阳光中，捧着一杯清茶，独自凝望远方的地平线，想象那里的风景、那里的人和那里的事。

常常会下意识地在地图上寻找到一点,并告诉自己,总有一天要到那里去寻梦。女人就是这样,倾心地向往着心之所系、情之所系的地方,期待着用身体去感受,用心灵去触摸,用生命去体味。

如果你也是这样想,就应该给自己一个假期,走出家门,做一次远足。彻底地放松一下,任由迷醉的阳光自由地渗透到你身上的每个角落,从你的身体到你的心情,这之后,你体内积蓄已久的倦意和疲惫将被彻底清除。

优雅女人的气质修炼课

健康，是女人美丽的底色

花朵的妖艳需要肥沃的土壤来培养，女人的美丽则需要健康的身体作为依傍。失去健康的美丽，就等于失去沃土的花朵，终将会慢慢凋零。所以，女人要美丽，也要健康，伴随着健康的美丽才能长久。

不过，说起如何保证身体的健康，从大到小，从繁到简要事无巨细地做到很多事情，但是，在如今节奏很快的生活中，这些是谁都无法全部做到的。所以，在这种时候，不妨抓大放小，抓住关乎健康的几大要点加以关注和维护，那么，就可以在很大程度上保证身体的健康了。

女性健康之"关注月经"。"月经"是女人的气血所在，在很大程度上等于女人健康的晴雨表。所以，要时刻关注它的动向，如果发现了一些问题，排除常见症状之后，一定要及时就医，绝不能掉以轻心。

女性健康之"彩色菜篮子"。颜色不同的水果或蔬菜要经常买，颜色越丰富，有助于防病的抗氧化物就越多。另外值得注意的一点是，在购买蔬菜水果的时候最好选当季且本土产的为佳，因为不当季价钱贵不说，富含的营养也不全面，而且外地产的蔬果很可能会在运输过程中因冷冻或保鲜而遭到损害，破坏营养。

女性健康之"补充维生素"。维生素 A 和维生素 E 具有抗氧化、延缓衰老和保护心脑血管的作用；维生素 B1 具有参与神经传导、能量代谢，提高机体活力的作用；维生素B2具有维护皮肤黏膜、肌肉和神经系统的功能的作用；维生素B6具有维持免疫功能、防止器官衰老的作用；维生素B12具有防贫血、提高血液携氧能力、增强记忆力的作用；维生素C具有促进伤口愈合、抗疲劳并提高抵抗力的作用；维生素D具有调节人体内的钙平衡、促进钙和磷的吸收代谢、保持骨骼健康的作用。多吃维生素，健康的保证。

女性健康之"爱护好牙齿"。早晚要刷牙是每天必须做到的，另外，每餐之后都要及时漱口，嚼嚼无糖口香糖，这样可以在很大程度上减少食物产生的酸性物质对牙齿的损害。

女性健康之"预防体重超标"。"管住嘴，迈开腿"是减肥瘦身的六字箴言。"管住嘴"是指饮食一定要均衡，而且尽量少吃热量高的食物，多吃含蛋白质或纤维素的食物；"迈开腿"是指一定要加强运动。运动不仅能够达到瘦身的效果，而且还能锻炼身体，提高身体机能。

女性健康之"切忌节食过度"。适度的节食对健康及身材的保持确实能够起到一定的效果，但节食千万不要过度。一个人每天摄入的热量不能少于1 200卡路里，如果摄入量不够，那么身体的新陈代谢就会减慢，反而会让你更难以消耗能量，而且长此以往，还会损害你的健康。

女性健康之"饮酒要适量"。科学证明，每天摄取适量的酒精饮料有利于身体的健康，但多了就会有害健康。最适合女性喝的是红葡萄酒。葡萄酒里除了富含人体所需的8种氨基酸外，还有丰富的原花青素和白黎芦醇。原花青素是保卫心血管的标兵，白黎芦醇则是出色的癌细胞杀手。目前，已经有越来越多的科学研究显示，每天喝一定量的葡萄酒，对预防乳腺癌、胃癌等疾病都会起到一定的辅助作用。另外，优质的红葡萄酒中含有丰富的铁，铁对女性来说也是必不可少的营养，它可以起到补血的作用，让女人的脸色变得更红润，更有光泽。因此，适时适量地喝

优雅女人的气质修炼课

点葡萄酒，对女人有利而无害。

女性健康之"切忌吸烟"。如果说适量地喝点酒对身体来说还是有一些好处的话，那么抽烟对女人来说则是有百害而无一利的。如果你还不是烟民那最好，如果你已经是烟民，那就赶快丢掉手里的香烟吧。

女性健康之"积极预防乳腺癌"。乳腺癌如今已成为危害女性健康的"第一杀手"。专家提醒女性，预防乳腺癌要注意以下几点：

首先，应充分重视乳腺癌的预防，预防工作可以分为三级进行。一级预防是针对病因的预防，二级预防又称为"普查"或"早期诊断"，三级预防就是疾病诊断后的临床治疗。其次，从饮食上也要注意预防乳腺癌的发生，要尽量保持传统的低脂肪、高纤维膳食的习惯。最后，要不断加强体育锻炼。因为不断有研究结果显示，锻炼能够减少发生乳腺癌的风险。所以利用休息日，不妨穿上运动鞋去跑跑步、爬爬山吧！

女性健康之"赶走压力"。担心是导致女性感到压力的主要原因之一。女性天性都较敏感，所以遇到事情总是想法很多，有时候就难免给自己造成压力。但是，担心也并不全是消极的，它也有积极的一面。如果你担心误了飞机，自然会快手快脚地整理好行李，准时抵达机场；但是，担心飞机失事就属于消极的担心了。你一定要消除这种无用的自我折磨，因为它带给你的压力有时候会摧毁你的身心，甚至把你压垮。

女性健康之"上一份健康保险"。许多妇科病都没有早期症状，而很多妇女去医院看病时，往往都是自己觉得很不舒服了，这时候病情多半已经比较严重了，大多失去了最佳的治疗时机。因而，女性朋友一定要有自我保护意识，重视妇科检查，不论觉得有没有异常，都应自觉、定时去做妇科检查。其实妇科检查并不复杂，有无肿瘤、炎症、宫颈糜烂，子宫大小、形态及子宫位置是否正常等在妇检中都可查出。这一系列的检查都是常规检查，没什么痛苦，也不会对女性身体造成伤害。

身体是一切的本钱，无论在爱情中，还是在婚姻中，女人都要有一个好身体，那样品味出的幸福才更真实，更可靠。同时，你的健康还会换来家人的健康。所以女人一定要爱惜自己的身体。

优雅女人的气质修炼课

精致品位，是对生活的尊重

虽说勤俭是好事，可过分粗糙地对待自己的生活，终究会让自己对生活渐渐失去热情。当一个女人对生活失去热情的时候，那么等待她的将是无尽的痛苦和烦恼。所以说，生活品质的高低对于女人来说是一件非常重要的事情。

很多人家里陈设很简单，不是因为他们真的没钱，而是觉得把钱花在置办家具上没有什么意义，日用品能简单就简单，而且越是别人看不到的地方，他们就越是不讲究。尤其对于一些女人来说，她们往往喜欢把钱花在那些别人能够看到的消费品上，比如衣服、包包、鞋子、手表等，但是不太愿意在别人看不到的生活用品上过于讲究。那么什么是别人看不到的地方呢？我们走在路上，不难发现衣着时尚、背着名牌包包的女人，她们从头到脚都让人感觉很时尚，不过，如果你有机会看到她们的住处，或许你会大跌眼镜——她们的家里也许很脏、很乱，一些日用品也很简单随意。一个过分注重外在的人，必然会对内在有所忽视。其实，越是别人看不到的地方，我们就越应该好好地去装扮它，如果在这个属于我们的私人空间里没有可以让我们精致对待的生活用品，那么在日常起居中我们也很难表现出端庄、敬虔的态度。

心田就是一个很关注生活品质的姑娘。当其他女同事都在用几十元的玻璃饭盒带饭时，她已经在用几百元的日式进口饭盒了。同事们都惊讶于她的奢侈，一个饭盒都要用这么贵，那她的生活品质得高到什么程度。而后再看她为自己买的衣服，租的房子里的陈设，还有养的进口品种的猫，同事们都觉得她的确是一个很会生活的人。别人都是在他人看得见的地方下功夫，她却是在自己看得见、摸得着的地方下功夫。几百元的差别，不单单将她和周围人的生活品质拉开了，还将她与周围人的生活态度拉开了。

有人说，精致是要花费很多精力和时间的。不错，精致的生活品位就是需要一个人的警醒。因为不警醒，就会落入俗套，陷入懒惰的生活状态里，精致却要求我们时刻保持对生活的敏锐。把闲暇的时间花在对生活品质的关注上，未尝不是一件好事。很多女人正是因为丧失了对生活的关注，每天凑合着吃，凑合着用，才会让自己的心态越来越自卑，对自己也越来越粗糙。

很多女人热衷于在人前提及买名包的好处，但真正懂得生活品位的女人却更愿意在人前谈及自己所买的那些"高价"的纸笔、台灯、办公桌椅，以及精装书等东西。在她们看来，这才是生活品质的流露，精致却不浮华，实用又有质感，有了这些东西的陪伴，她们的生活也会有种落到实处的感觉。

而且，在生活用品上随便处置的态度，也很难让人生成感恩的心态，很难培养对生活的尊重。一个钱包，如果从实用意义上来说其实并不是必需品。一只手表，从实用意义上来说，也完全可以用手机来替代。可为什么还是有人愿意花很多钱去买品质好的产品呢？不为别的，因为这会让生活更有品位。一件好的商品，不论是从质感上，还是设计上，又或者是在使用体验上，都会给人带来好的享受。这是很私人的体验，对于能够认识某件商品价值的人来说，它们会给自己提供很多的愉悦体验。

　　当我们生活在一个由自己精心置办的环境里时，更容易对生活怀有虔诚的敬畏心理。这些物品当初在设计时都是投注了自己的精巧构思，从中我们可以感受到一个人对生活的尊重。

有份工作，女人才更有底气

女人需不需要努力工作，很多时候不是别人说了算的，而是女人自己。不可否认的是，无论是男人还是女人，收入上的提高必然会在很大程度上提高自己在家庭以及社会上的地位。当女人走入婚姻后，待在家里吃闲饭也不是不可以，不过，这样的女人难免会不受气，自己在亲友前说话也往往会没什么底气。这种状况即便是在富贵的人家也很难免除，所以我们会看到，在这样的家庭中，即使女人不出去工作，也多半会找些生意来做。

长期闷在家里不工作的女人，心情也容易烦躁。很多女人进入婚姻后就把工作丢掉了，有了孩子后，出去找工作的可能性就更小了。而且，在家里待惯了的女人，长期与社会脱轨后也多半会害怕出去。因为生活圈的狭窄，居家的女人每天接触的都是那几件事，洗衣、做饭、看孩子，剩下的时间多半会留给娱乐，或者关注同学朋友的动态。这时候，就很容易造成她们幸福感的缺失。因为，当她们看到周围的朋友在微薄、微信上晒着各种幸福的时候，她们的嫉妒心就会被激起来，嫉妒心一旦产生，女人的幸福感会大大降低，甚至会消失无踪。

传统社会里，男人就应该挣钱养好老婆和孩子，女人就应该相夫教子，做一个本分的家庭主妇。不过，这种状况在当下已经显得不合时宜了。孩子在学校接受教育，丈夫在外工作，那女人在家相什么夫？教什么子？而且，一个不能专心投入工作的女人，真的能对丈夫的事业、孩子的教育产

优雅女人的气质修炼课

生帮助吗？

在现实生活中，很多女人步入婚姻后，都会被丈夫要求在家里工作，至于工作任务，就是负责把钱花掉。这样的日子起初或许是很舒适、很浪漫的，看到什么想买就买，想吃就吃。不过，过一段时间后，或许就会让人觉得无趣了。女人的青春是暂时的，未来会变成什么样谁也说不准。当你容颜不再的时候，如果男人不愿再为你埋单，那么你该怎么办呢？或许到那时候，你才会明白一份工作对你的意义。

还有些男人借故说女人操心容易变老，从而不让女人出去工作。很多女人会因此心生感动，甘愿做笼中之鸟。但是，不论是谁，长期与人群断开联系，没有工作，心智都很可能会退化到幼稚的状态。这就好像一个孩子，被父母保护在温室里，不让他触碰外面的各种东西，也不让他融入其他孩子们当中。那这孩子身心必定会很衰弱，身体免疫力也会很低，精神也会很敏感。

囚禁的爱中势必会出现奴役现象，女人吃穿住行都依赖男人，在生活中也会表现得越来越像孩子。这时候，男人会表现得更像父亲。女人会感觉自己矮了很多很多，如此一来，在感情上男人和女人就会无法处于平等地位。这时候，男人出轨的概率就会变高，因为人在骨子里还是渴望一个人能够站在平等的位置上与自己建立感情的。谁会想和一个孩子谈恋爱呢？

其实，工作会加速人衰老只是人臆想出来的。只有当我们排斥工作的时候，工作对我们来说才是有进无出的消耗。而当我们专注在工作中，能够从中找到乐趣的时候，工作就会成为我们的动力。我们不但能做出成绩，还会让精神状态越来越好，人也会显得年轻有活力。与其说工作会让人衰老，不如说懒惰会更让人空虚、愁闷，这才是加速衰老的问题所在。

如果女人能有一份工作，至少能让自己在经济上独立，说话有底气。如果在工作或事业上更专注一些，说不定还能成为女强人。所以，赚多赚少，女人都应该出去工作。很多尝试过做家庭主妇的女人都曾表示，在家里待一段时间之后就有些腻了，不出去工作，很容易闷出病来。这种说法是真实存在的，毕竟，人发达的思维神经是不会仅仅满足于每天重复的生活的。

工作对于女人的意义还不仅局限于此。人到什么时候退休才合适？也许，不退休才是最合适的。工作在任何时候都是有必要的，即便是从岗位上退休了，我们也应该为自己找些事来做。懒惰使人生病，从而消耗我们的生命。懒惰犹如铁锈，会腐蚀我们的身心意志。常常磨的刀才会锃亮，常常用的钥匙才会光滑。人若不动手动脑，就会越来越迟钝，心窍也会越来越闭塞，这样得老年痴呆症的概率就会很大。

所以，对于女人来说，不论家境如何，都应该有一份自己的工作。这不是挣多挣少的问题，而是关乎着自己的婚姻质量，关乎着自己的独立人格，关乎着自己的心智健康。如果婚姻没有质量，人格不能独立，心智无法健康，又何谈去追求有品质的生活呢？

第7章_
学会爱，努力爱，经营好你的爱情和婚姻

虽然说爱情是神圣而美好的，容不得半点虚假，但是，在爱情中，女人还是应该耍点小计谋的，比如学着撒撒娇，照顾一下男人的面子，在爱情里勇敢一些，这样可以让你的爱情变得更加甜蜜。而当原来的柔情蜜意、海誓山盟变成一纸婚约的时候，爱情便会悄悄褪祛光鲜的外衣，露出柴米油盐的生活本质。这时候，女人就要学会如何经营婚姻，经营无道，很可能会"清仓破产"，经营有道，便会"名利双收"。

优雅女人的气质修炼课

有花堪折直须折，莫待无花空折枝

女人是为爱情而生的。如果一个女人一生都没经历过一次轰轰烈烈的爱情，那她的人生将是不完整的。真正的爱情之花都是要经过疼痛才能完美绽放的，不疼又怎么能体会爱情的酸甜，不痛又怎么会品味爱情的苦辣？所以，只有真心经历过爱情的女人，才是一个思想生动丰满、人生斑斓多彩的女人。

爱是需要勇气的，面对真爱，不要逃避，这是一种缘分。认识是缘分，能相爱更是缘分，所以有什么理由不去勇敢地追求心中所爱呢？遇见自己喜欢的人是一种幸运，得到自己所爱的人则是一种幸福。所以，为了自己的幸福，女人更应该勇敢去追求，千万不要等到错过再去后悔。

玉和强是高中同学。那时候的强是学校的风云人物，成绩好，长得帅，球打得好，唱歌也是一流，是很多女学生心目中的白马王子。玉也很喜欢强，但是，她觉得自己只是一个平凡的女孩，所以只能把这份喜欢默默地放在心底。强的高考志愿是一所名牌大学，玉为了也能考上那所大学拼命学习。转眼毕业来临，玉的努力没有白费，她和强考上了同一所大学。

玉原来想，只要能跟强考上一所大学，她一定对他表白。但是进入大学之后，玉又退缩了。因为她发现，大学里的女生都是那么漂亮，那么有气质，而强依然是人群中的焦点，是女生心目中的白马王子。自卑的玉再一次犹豫了，她害怕自己会被拒绝。

校园中，玉会偶尔会遇到强，或许是因为高中同班的原因，强总是很亲切地跟她打招呼，而玉每次只是腼腆地点点头，算是回应。不过，强从来没有跟玉深谈过什么，玉也因此更加畏首畏尾，心中的那份爱也越来越没有勇气说出口。

大一下学期，有一次玉看到强和校花走在一起，听同学说他们正在恋爱。这一次，玉彻底死心了，心底的那份爱也被她深埋在心底。转眼到了毕业的时候，哭过笑过之后，同学们各奔东西。

毕业之后，又过了两年，这期间他们再也没有见过面。不过，玉却一直关注着强的消息，她知道他和校花并没有在一起，而且这两年也一直没有女朋友，不过，她知道这绝不会是因为自己，不过心里却也隐隐感到了一丝安慰。其实，这两年，玉也一直没找男朋友。她在心里暗暗发誓，如果再过两年强还没有女朋友，那么自己就去找他。转眼，又一个两年过去了，可是这时候她却从大学同学那里得知了强即将结婚的消息。

就这样，大学毕业四年之后，两人在强婚礼之前的一次高中同学的聚会上再次见面了，两个人只是面带微笑互相点了点头，便再没有交流了。聚会在热烈的气氛中进行着，同学把酒言欢，一同回忆着过去的美好时光。可是玉的脸上却始终一副落寞的神情，她静静地坐在那里，默默地看着人群中的他。当同学们同声唱起高中时最喜欢的那首歌的时候，玉终于控制不住，泪流满面。

那一晚，玉不知不觉喝了很多酒，好像在为自己这场从不曾开始的爱情祭奠。筵席将散，同学们你搭我的车，我搭你的车都相继离开了。巧合的是，最后只剩下了他们两个。玉坐上了强的车，也许喝多了，玉把隐藏多年的感情向强表达了出来。玉其实并不想挽回什么，只想为自己这场持续了十几年的单相思画上一个句号。玉也没有过高的奢望，毕竟他是将要娶妻的人。然而强接下来说的话却让她痛彻心扉，后悔莫及。原来，强也

优雅女人的气质修炼课

一直喜欢着她，从高中时候开始。他喜欢她的沉静，喜欢她与世无争的性格。但是，他却发觉她在回避他，而且这种情况一直到大学的时候也没能改变。于是，他故意让她知道自己在和别人谈恋爱，可是她还是无动于衷，他的自尊心受到了伤害。毕业后，他一直没找女朋友，其实是在等她，希望她能来找他，可是她却没来。于是，他又等了三年，终于，他死心了，于是才接纳了一个追了她三年的女孩，就是他的未婚妻。

说出了自己隐藏多年的感情，其实玉宁愿从强那里听到一个老同学善意的嘲讽，但她怎么也没想到，她换来的却是一番让她痛彻心扉的告白。但是这一切都真真切切地发生了，她心痛得快要死掉了。然而，命运就是这般捉弄人，她的痛哭和悔恨什么也挽回不了，因为他不能再辜负另外一个女人。

其实，玉有无数次向强表白的机会，但都因为自卑和误会而错过了。其实，一个女人一生中又有几次付出真心的时候呢？或许有的人一生也不会遇到一次这样的感情。所以，在可以言爱的时候就大胆地告诉他吧，否则，很可能会错过一生的最爱。

"问世间情为何物，直教人生死相许"，没有按着自己的意愿真真切切地爱过一回，不能不说是一种人生的缺憾。有时候，爱情难免会给你带来伤痛，但不经历风雨，怎能见彩虹，就像一句名言说的那样：大胆地去爱吧，就像从来没有受过伤害一样！

学会撒娇，做女人中的精品

不可否认，男人大多喜欢会撒娇的女人，因为他们知道，会撒娇的女人都是懂得生活的女人。会撒娇的女人都知道，生活就像一盘普通的菜，加了"撒娇"这种调味品，才能散发出更加诱人的香味，从而激发出男人更多的爱。如果说美丽的女人会让男人沉迷一时，那么会撒娇的女人则能让男人流连忘返。

在很多小说或影视剧里，我们常常会看到这样一种情形：女主角聪能干，而且非常漂亮，可是在即将跟男朋友走进婚姻的时候却遭到了背叛：男朋友爱上了别人。女主角很不服气，她要看看那个抢走爱人的女人到底哪里比她强。可是事实却往往让她很惊讶：那个女人长得没自己漂亮，事业上也没自己出色。女主角疑惑了，自己哪里都比那个女人强，为什么男朋友会移情别恋？于是她便找到男朋友，要他给自己一个说法。这时候男朋友会对她说："我知道，这件事是我对不起你。但是我也知道，你很能干，很坚强，离开了我，虽然你会伤心，但过一段时间你就会振作起来，重新找回原来的你，而且会比现在过得更好。但是她却不行，离开我，她一天也活不下去。"女主角或许不能立即明白男朋友这番话的意思，但作为读者或观众的我们，可以看到整件事情的面貌，原来，那个女人性格柔顺，很会撒娇，让男人对她心动不已。但女主角却性格刚强，而且从不撒娇，所以，她最终失去了爱情。

优雅女人的气质修炼课

看到这儿,或许有人会有不同的看法:为什么女人不能性格刚强,难道女人性格刚强有罪吗?当然不是,我们在这里想要讨论的不是女人的性格问题,而是女人会不会撒娇的问题。

每个女人都渴望被心爱的男人当成手心里的宝,宠着、爱着。但是并不是所有的男人都是浪漫高手,而且男人注定要比女人背负更多的责任和压力,所以他们也需要女人的关心和爱。但有些女人却不懂得男人的累,认为男人天生就要包容女人,甚至有时候还会恃宠生娇,一旦不顺心意便开始无理取闹。这样做,就会使得原本打动男人的撒娇逐渐变成了撒野、撒泼,这样的女人也便失去了应有的女人味,变得越来越不可爱,最终得到的很可能是男人逃离的结局。还有些女人性格很强,什么事都能自己搞定,从不会麻烦男人,久而久之,会让男人觉得自己好像很无用,渐渐地,爱意也会消失不见。

不过,撒娇虽然是获得爱情的一个法宝,但也不是百试不爽的。有时候,撒娇过了头很可能会"惹火上身",把你的爱情烧得"片甲不留"。所以,女人要学会把娇撒到"点"子上。聪明的撒娇女人,能把娇撒得不偏不倚,让男人舒舒服服的同时也会对她服服帖帖。

《论语》中有句名言:工欲善其事,必先利其器。怎样才能成为撒娇的个中高手呢,当然需要你掌握其中的一些技巧。

你要善于利用你的眼泪。女人的眼泪是最能打动男人的武器之一,但是眼泪的妙用在于精而不在于多,如果如江水般泛滥那么一不小心就会把男人"冲"走了。

要懂得"羞色可餐"的道理。娇羞是女人最迷人的一种美,绝对是吸引男人并增加情调的法宝。但同样地,害羞也要有个限度,如果变成一株碰也碰不得的"含羞草",那么男人终将"退避三舍"。

要学会适时展现你的柔情。跟眼泪一样,女人的柔弱也是打动男人的一种武器。但是，要记住，聪明女人的最高境界是懂得装柔弱，并不是要你真的如"林妹妹"般病体柔弱，那样即使男人再宠爱你，你也无福享受了。

要适当地在男人面前表现出你的幼稚。在男人面前，女人有时不应该表现得太过聪明，那样会让他会感觉和你相处很累。如果你能适当表现得幼稚一点，这样才能显示出他的智慧和风度，会让他备感受用。

总之，姐妹们要记住了：不论时代多进步，科技多发达，男人永远喜欢温柔、会撒娇的女人。为了快乐和幸福，女人一定要将撒娇进行到底！

优雅女人的气质修炼课

学会在爱情中维护男人的尊严

男人大多要面子，因为面子在很大程度上象征着男人的尊严。所以，作为男人，他或许什么都能丢，但唯独尊严不能丢。即使男女交往中，爱情输给面子的事情也时有发生。面对爱情，男人可以让理智靠边，变得感性温柔；但当爱情与面子发生摩擦时，爱情则多半会灰溜溜败下阵来。女人被爱情抛弃，大多会为失去依赖而流泪，而男人却大多会为自尊而痛心。这并不是说男人不懂得珍惜感情，而是因为对男人来说，尊严问题不容侵犯。所以，聪明的女人要学会维护男人的尊严，那样才会为你的爱情锦上添花。

一位骑士向他心爱的姑娘求婚，姑娘犹豫不决。骑士决定在她楼下等候99天，直到她答应为止。从那以后，骑士每天都会在姑娘的楼下等候，姑娘渐渐地被他的诚意打动了，她决定嫁给他。但她却想知道骑士能否坚持到底，并想以此确定骑士对她的爱够不够坚定。时间一天天过去了，第98天到了，姑娘躲在窗户后面深情地看着骑士，心里柔情万种，她想着明天就可以幸福地和他拥抱在一起了。但就在这天下午，姑娘却忽然看见骑士整理好衣冠，朝她挥了挥手，然后骑着马微笑着离开了……姑娘大声疾呼让他留下，然而他早已绝尘而去。姑娘追悔莫及。

其实，骑士并非不爱那个姑娘，也不是不能完成承诺，他只是担心最后的结果会让他的等待变得毫无意义，因此他选择在适当的时机离开，借以保持了自己的尊严。

男人时时处处在捍卫自己的面子,如果面子丢了,他们多半会走向两个极端:一是变得疯狂,二是变得漠然。无论哪一种情况,想必都是女人不想看到的。所以,女人一定懂得一些维护男人的面子,那样才能把你们之间的爱情氛围经营得和谐而长久。

女人可以适当装装傻。男人大多想要找一个温柔体贴的女人,而不是事事都明察秋毫的"女包公"。所以,你要适时地学着装装傻,不要什么事都斤斤计较,在没有大是大非的情况下,多给他留点面子,这才是维护爱情的正道。女人应该谦和一些。在发现男人一些坏习惯、坏毛病之后,不要总是把"不要""不准"之类的话挂在嘴边,那么他会觉得很没面子,最后难免导致他充耳闻,甚至破罐破摔。女人要懂得内外有别。在你们的二人世界里,或许男人是你的"电饭煲""吸尘器",更可能是你大发公主威风时的"出气筒"。但是一旦进入公众视线之内,你们的角色就要彻底颠覆。这时候的你应该要像手捧一件古老而珍贵的瓷器一样给足男人面子,那样才能获得更"高额"的回报。再比如,女人应该多练"心"。无论何时,你都要记住,你的谈吐、修养、气质、学识和智慧都是衬托男人面子的最佳装饰品。要不然只有玉树临风,却没有佳人相伴,岂不扫兴得很。所以,利用一切可以利用的时间勤加"修炼"吧。

如今的社会处处提倡"男女平等",这本身已经让男人的心理多少有些失衡了,如果女人再不给男人留点面子,那么生活中必定会矛盾重重。所以,聪明的女人应该知道,爱护男人的面子就像保护自己的爱情一样重要,千万不要和男人的尊严较劲。如果你以为打击男人的面子就可以征服他的心,让他对你言听计从,那你就是一个糊涂的女人。因为你不仅会输掉他对你的尊重,更可能会输掉你们之间的爱情。

优雅女人的气质修炼课

失恋可以让女人瞬间长大

如果你曾经历过爱情，那么就一定品尝过失恋的滋味。爱情是这个世界上最难以捉摸的东西，有时候你可以轻而易举地得到它，但是同时你也会猝不及防地失去它。面对失恋，每个人很难做到全身而退。相对来说，失恋对女人的打击更大一些，因为就性格和心理承受能力来说，女人大多比不过男人。

当女人面对失恋的时候，受伤、痛苦都在所难免。但是，在失恋中最容易受伤，或者说受伤最深的是那些不懂得自我价值的女人。因为在平时的生活中，她们总是自我怀疑，在感情中也总是事事以男人的思想和期望为中心。所以一旦这份感情结束了，便会让她们产生一种天塌地陷的感觉。她们会在心中反复地想：他明明说过会爱我一生一世，为什么会离开我？我为什么如此不堪，连自己的爱情都保护不了？结果，在这样反反复复的"责问"中，她们彻底跌进了痛苦的深渊，迷失了自己。

其实，失恋并没有那么可怕，虽然它会给人带来痛苦和伤害，但这也只是一段时间的情绪波动而已。只要你能及时地调整好自己的情绪，应该很快就能摆脱这种阴影。当你避开失恋的阴影时，你会发现，曾经的痛苦只是过是被前面的一片叶子挡住了眼睛而已，拿开叶子，在你眼前会出现整片森林。网上曾经流传着这样一个帖子。

智者："姑娘，你为什么悲伤？"

失恋的女人："我失恋了。"

智者："哦，这很正常。如果失恋了没有悲伤，恋爱大概也就没有什么味道了。可是，姑娘，我怎么发现你对失恋的投入甚至比你对恋爱的投入还要多呢？"

失恋的女人："到手的葡萄给丢了，这份遗憾，这份失落，您非个中人，怎知其中的酸楚啊。"

智者："丢了就丢了，何不继续向前走去，鲜美的葡萄还有很多。"

失恋的女人："不，我要等到海枯石烂，直到他回心转意为止。"

智者："如果这一天永远不会到来呢？"

失恋的女人："那我就用自杀来表示我的诚心。"

智者："如果这样，你不但失去了你的恋人，同时还失去了你自己，你觉得值得吗？"

失恋的女人："您说我该怎么办？我真的很爱他。"

智者："真的很爱他？那你当然希望你所爱的人幸福了，是吗？"

失恋的女人："那是自然。"

智者："如果他认为离开你是一种幸福呢？"

失恋的女人："不会的！他曾经跟我说，只有跟我在一起的时候，他才会感到幸福！"

智者："那是曾经，是过去，可他现在并不这么认为。"

失恋的女人："这就是说，他一直在骗我？"

智者："不，他一直对你很忠诚。当他爱你的时候，他和你在一起，现在他不爱你，他就离去了，世界上再也没有比这更大的忠诚。如果他不再爱你，却要装着对你很有感情，甚至跟你结婚、生子，那才是真正的欺骗呢。你现在应该做的是去感谢他，因为他给了你忠诚，也给了你寻找真

优雅女人的气质修炼课

正幸福的新的机会。"

其实,每个人对爱情的追求都不可能是一帆风顺的,面对男人的背弃时,如果女人能把这当成是男人对你的一种诚实,或许就很容易从失恋的痛苦中解脱出来。当然,这话说起来简单,要想真正做到还是有些不容易的。所以,在面对失恋时,女人绝对不能赋予男人决定一切的权利,更不能让对方左右自己的爱情命运。既然失恋在所难免,那么就要学会成功摆脱失恋的阴影,在失恋中变得成熟,在失恋中学会成长。

失恋后,你可以适当地发泄一下情绪。别让悲痛、挫折感、愤怒一直啃噬你的身心。放声大哭一场,找个知心好友倾诉一番都有利于你心情的平复。

失恋后,要保持尊严。不要再去找他,不要再与他联络,不要再对他有所眷恋。而且至少要在表面上做出不在乎的样子,即使你的心很痛,但不要让他看出来。也许你有许多缺点,但不要忘了你还有自己的尊严。

失恋后,要在第一时间消除你们曾经共有的痕迹。把一切与他有关、与你们的过去有关的东西清理掉,以免触景伤情,让自己的情绪受到影响。

失恋后,记得重新回到你的朋友圈。有机会多去参加一些派对、聚会,让朋友们的欢声笑语尽快消除你心中的阴影。

失恋后,不要急着寻找下一个恋人。人们常说,忘记一段感情的最好办法就是开始另外一段感情。这话是没错,但不是立即进行。因为你心灵的创伤还未痊愈,如果你这时又重新开始了一段感情,你是否能确定这是出于爱的动机还是为了填补你心灵的空虚?要对别人的感情负责任,更要对自己的感情负责任。

失恋后也不要一直孤单下去。一段感情的消失对你并没有任何的改变,你的能力、你的优点都还在,这些依然是你继续生存、寻找幸福的资本。相信自己仍然具备"爱的能力",当下一段姻缘在适当的时候出现时,要敞开自己的胸襟去体验。

总而言之，失恋后，调整好自己的心态，而且要利用"时间"这个武器，更重要的是要相信下一段感情会比失去的这一段更能带给你幸福。前面的那个人之所以会离开，也许是因为后面的人更适合你。

爱情可以失去，但对未来生活的判断和希望不能失去。"为了一棵树而放弃整个森林"不是聪明女人的明智选择。要知道，失恋可以让你成长，因为它让你明白了，爱情有时候是由不得人的，就像人生的其他无奈一样。当你理解了爱情的无常，那么你也就读懂了人生。

优雅女人的气质修炼课

不要成为人人唾弃的"第三者"

如今网上到处都流传着许多关于"第三者"的所谓"爱情故事"。其实大多数时候,故事中的女主人公最初并不想抢别的女人的男人,也明白"女人何苦为难女人"的道理。但最后却都在不知不觉中扮起了破坏别人家庭的坏女人的角色:她们开始想方设法地拆散男人的家庭,她们甚至会找到对方的妻子,或血泪控诉,或反唇相讥:"爱情中,不被爱的一方才是'第三者'!"一场战争下来,弄得所有人都遍体鳞伤。结果呢?受伤最深的往往是自己。

晓霜最终还是不顾周围姐妹的劝说,住进了他的别墅。他事业有成,潇洒稳重,浪漫体贴,是所有女人心中理想的伴侣,但遗憾的是他已经结婚了,但晓霜不在乎。就这样晓霜变成了人人唾骂的"第三者",开始了她"香车宝马""纸醉金迷"的"金丝笼"中的生活。

他每个星期都会过来一两次,对晓霜很好,很体贴,也很娇纵。但是他从来不在这里过夜。刚开始晓霜并不在意,因为她觉得只要他心里爱她就够了。可是,时间久了,晓霜对他的依恋越来越深了,她觉得自己已经离不开他了。于是,她总是想尽办法多留他一会儿,有时还想留他过夜。但是,他的态度总是很坚决:晚上一定要回家。于是,她哭,她闹,甚至威胁他去找他的妻子摊牌。刚开始时他还有些耐心去安抚她,宽慰她,可是后来,他有些厌烦了,有时一连几个星期都不再过来。

终于，晓霜忍受不了了他的这种漠视，决定去找他的妻子摊牌。可是，当她看到他妻子第一眼的时候，就知道自己不该来的。他的妻子虽然已经不再年轻，但优雅的气质却让她风韵犹存。而且当她知道晓霜的来意后，并没有歇斯底里，而是劝晓霜趁着年轻要迷途知返。最后，晓霜彻底败下阵来。

而当他知道这件事后，十分生气。他没有听晓霜的任何解释就对她提出了分手，而且态度很坚决，理由是晓霜违背了他们当初的约定。原来，在晓霜住进别墅之前，他们之间有过一条协议，那就是他不会离婚，也不在这里过夜，更不允许晓霜去打扰他的家人。刚开始，晓霜想要的只是一份简单的爱情，所以对那些协议并不在意。可如今，她为了能够完全地得到他而违背了约定。她以为可以换来他同样的爱，可是她错了。她终于明白了，他是绝不会为了一个"第三者"而放弃自己家庭的。

最后，晓霜拎着自己的皮箱离开了那座别墅，她对爱情已经失去了信心。晓霜不仅丢了爱情，更重要的是丢了再爱一次的勇气。

"第三者"的话题好像有些老生常谈了。尽管在现代社会，人们对"第三者"的态度不再像原来那样深恶痛绝了，但是，面对这些人，人们仍旧难免会戴着有色眼镜。所以，为了不让自己成为别人眼中的"异类"，也为了自己一生的幸福着想，作为女人你最好不要成为"第三者"。

上面故事中的晓霜虽然可恨，但更是可悲的。或许现实生活中，有的"第三者"最后争到了男人，而且他们彼此之间也是真心相爱。但是，那个男人会因此背负一生抛弃妻子的恶名，那么，在这种心理压力之下，他们的未来真的会幸福吗？况且，一个男人为了新的爱情能够抛妻弃子，谁又能担保他不会像抛弃原来的妻子一样再一次为了其他女人而抛弃你呢？

而且女人都应该清楚这样一个事实，那就是大多数时候，男人对妻子和情人的态度是很明确的：对情人，他们可以宠爱，却不会允许情人去危及他的家庭。一旦有了风吹草动，他们首先要维护的总是自己的家庭。

爱上别人的老公一开始就是个错误，因为你没有遵守游戏规则。不属于自己的东西硬抢过来，让别人流泪，你自己肯定会流血的。而且，爱上别人的老公就等于爱上了寂寞，如果他真的爱你，娶你才是最好的证明。所以，千万不要成为别人婚姻中的"第三者"，也不要接受已婚男人的爱情，因为它是一杯毒酒，喝下去时或许你面带着微笑，但醉过之后却会给你带来一生一世的痛苦。

所以，对于错爱，最好的方法就是果断放弃，抢夺别人的幸福是世界上最无聊、最无耻的战争。想想你自己，如此聪明、如此美丽，何必要和别的女人分享一个男人！所以，女人永远不要做"第三者"，即使你的借口是爱情！

爱情中，女人的尊严同样重要

有人说，爱情是不能够讲尊严的，更爱的一方总要付出更多，承受更多。但是，并不是所有的付出都会换来相等的回报。张爱玲曾说："我把自己放得很低、很低，低到尘土里，然后开出一朵花来。"但是，胡兰成最终还是走了。所以说，当女人在爱情里把自己看得很低的时候，那么她在男人眼里可难会更低。

当女人在爱情里变得卑躬屈膝的时候，就等于失去了自我。失去自我的女人，就等于没有了尊严；失去了自尊的女人，就等于没有了灵魂。爱情不是乞求来的，乞求来的爱情一文不值。所以，当曾经说过会爱你一生一世的男人不再爱你的时候，不要挽留，也不要乞求，转身潇洒地走开，是最好的选择。

生命里最悲哀的事，莫过于在一个阳光明媚的早晨，当你睁开双眼时，突然发现睡在身边的亲密伴侣，变得很陌生。那道无法掩饰的裂痕，逼视着你，嘲笑着你，让你不敢去正视。

现实中，导致两个人分开的原因有许多——日常生活的方式，对待金钱的态度，对于未来梦想的分歧，彼此给予的自由空间……这些都有可能让两个相爱的人从此背道而驰。相爱容易相守难，如果他已经不能容你，就不要再让欲望代替情感，而应该悄悄安慰自己：即使失去了爱，生活还要继续，或许前方不远处会有下一段奇迹。

有所为就有所不为，有所得就必有所失。越想抓住什么，最终越一无所获，甚至还会失去一切。上帝是公平的，他给你关上一扇门，就会给你打开一扇窗。你想得到爱情的美好，就要放弃不再有爱的感情。

沫沫是个敢爱敢恨的姑娘，她不可救药地爱上了大学时的学长枫。他们也曾短暂地相处过，也有过甜蜜的时光。但后来，枫觉得沫沫并不适合她，所以向她提出了分手。沫沫虽然不舍，但她决定尊重枫的决定。但是，即使是这样，她对枫的爱也没有停止。她对闺蜜倾诉说："我连想都不愿意想，我一想就失望，我真失望，我太失望了，我一直觉得，我一直在幻想，通过自己的努力，也许有一天能最终得到枫，哪怕得不到他，我能天天见到他也会很开心，除了他，我没有爱过任何一个人，也没有想过去爱什么人，我离不开，我也舍不得，在我的心里只有枫，就有枫。"

后来，枫和沫沫的闺蜜小夏恋爱了。当沫沫知道后，她既没有寻死觅活，也没有歇斯底里地打闹，而是默默地收拾行囊，独自一个人登上了去美国的飞机。她的眼泪从中国一直流到美国，在异国他乡，她一个人品尝着失去爱情和友情的悲伤，她试着学习做牛排、沙拉，也试着学会宽容。最后，她实在忍受不了对枫的思念，偷偷回国，远远地注视着枫和小夏的恩爱。但每次和枫在一起的时候，她都嘻嘻哈哈装作没事，从不在枫和小夏的爱情中制造任何障碍。沫沫内心如刀割般难过时，依然爱得优雅，落落大方。只是独自一个人到以前和枫常常相聚的酒吧听歌，静静地回忆着过去的种种。

沫沫执着地等着枫回头，但是，枫除了感动之外终究还是没有接受她。沫沫在一次次下定决心离开他之后又一次次回头。她让枫带她去他们所留下深刻记忆的每一个地方，她想用这种方式来纪念她已经终结的爱情，帮助自己从失恋的阴影中摆脱出来。

放弃的过程是痛苦的，但它的果实是香甜的。尽管放弃一些经过努力才得到的东西会很难过很伤心,但总是犹豫不决,举棋不定,到最后或许什么也得不到。只有懂得放弃的女人,才更有可能得到幸福。

真爱是对一个人无怨无悔的付出,但如果对方的心已经远离,爱也渐渐逝去,这时再次付出的爱只会被反弹回来刺伤自己。其实,女人没必要失落,已经失去爱情,不能再失去自己。爱情已经深深地伤害了你,你不能再伤害自己。

别去追问他为什么,别再去质问他以前做的算什么,他已经无力回答你;别去他那里要回自己的东西,那是对他的污辱和伤害;别对他失望,别对你们的友谊失望,做不成爱人还可以做朋友,他的冷漠正是对你的关心和呵护,以免你越陷越深,受到更多的痛苦和伤害。

所以,当爱情义无反顾地弃你而去的时候,不要伤心,收起眼泪,告诉自己,你失去的不是爱情,只不过是不再爱你的一颗心。收拾好行装,昂起头,迈开大步,潇洒地转身走开,真正属于你的幸福就在不远的前方。

优雅女人的气质修炼课

追求完美，会让爱僵死

婚姻也许是女人一生中需要面临的最大问题，这让很多女人对此会慎之又慎。然而过分谨慎的爱情态度，会让女人在心里筑起厚厚的高墙，使她们无法中意现实中的普通男人，而是希望能够有个真命天子从天而降。

电影《卧虎藏龙》里有一句很经典的台词："当你紧握双手，里面什么也没有，当你打开双手，世界就在你手中。"这句话很平实，却将女人脆弱自闭时的状态道尽了，只有当放下恐惧时，世界才会真正向我们敞开。

当女人尚未成熟的时候，会紧紧抓住一些或有或无的事物好让自己有安全感。女人在婚姻面前为理想对象设立的种种标准，也是她们走进婚姻的大门时需要打破的一堵堵真实的墙壁。

若追求爱情的至善至美，就会不可避免地会让自己患上柏拉图式的恋爱洁癖。曾有这样一个寓言故事，说的是一个女人花了一辈子的时间在找一个完美的男人，最后孤独终老。在她七十岁那年，有人问她："你这一生都在外旅行，从这城走到那城，从这国走到那国，游遍山川名胜，也没找到一个理想的男人吗？"那女人说："事实上，我的确遇见过一个在我看来理想的男人。"那人追问说："那你怎么不和他结婚呢？"她叹了口重气："我何尝不想？可他说自己也在找一个理想的女人。"

这个寓言故事中的未婚男女都在追求心目中理想对象，这让他们的婚姻一再延期，直至耽误了终身。若是他们彼此都不在乎婚姻，那一生倒没什么憾事，可悲的偏偏是宁为玉碎不为瓦全的结局。过度追求完美的爱情，爱情的结局就很难完美。试想，故事的女主人公是男主角心目中理想的标准，他们就会幸福一生吗？世界上没有人和事物是完美的，追求完美的匹配本身就是不成熟的表现。我们想要一个理想的对象，但是我们有没有追问过自己是否是别人眼中理想的模样呢？

其实，完美是不属于任何人的，追求完美会让人停止成长，慢慢变得僵死。有完美主义倾向的女人常常会迫于或有或无的压力，要求自己和他人将事情做到没有瑕疵，或者要求整个过程都需要自己的严格把关。如果中途有些事情没有达到自己预期的效果，她们就会表现出烦躁焦虑的情绪。她们会强迫自己活在完美的世界里，而且拒绝和外面的世界产生多余的交集，外界的一点瑕疵都会引起他们内心的不愉快。

不论是对爱情，还是对别人，或是对人生，我们待人接物都要留有余地，这样才能让事物更长久地维持下去。所以两个人走到一起，不怕双方有问题，就怕没有问题。两个完美的人走到一起，想必生活会非常乏味。生活中必然是两个缺点和优点都相互匹配的人走到一起，这样才能碰出更多的火花。

爱情在起初总会有很多幼稚的成分，我们会带着自己的意思去期待它，就像还没有真正踏入社会的时候，我们会对未来抱有很多幻想一样。但是真正融入其中，我们就会发现爱情并非自己想象的那么简单，它含情脉脉，却也会表现出残忍、暴虐的一面，它纯洁、高尚，却也携带着污秽、卑鄙。当然，我们可以将其往更好的方向引导，而不是因为一点问题就全盘否定。真正的爱只有在爱那些不完全的事物时才能彰显出来，完美不是人的属性，而是上帝的。夫妻在婚姻里的相处，能够渐渐打磨掉两个人生命中粗朴、幼稚的一面。

所以，只想拥有最完美的爱情，最幸福的婚姻，这种极端的心态势必会让你与这个世界格格不入，最后只能像一潭死水一样把自己封闭起来，生机全无。如果我们不能平和自己的内心去接纳环境，那这些我们看不顺眼的事物就会把自己的内心世界越挤越窄，我们也会因为对完美的渴求而变得越来越狭隘偏激。

女人在渴慕收获完美爱情的时候，有没有问过自己能够在这份爱里付出什么？难道自己仅仅只能做一个使着小性子，支取对方的爱的女人吗？我们对美好爱情的渴望越强烈，我们就越容易忽视自己在爱里的责任，这样即便有一份真爱放在自己面前，我们也会错过。太注重爱情的结果，不但会让整个过程失去乐趣，也会让结局很糟糕。

所以，作为女人，只有让自己成熟起来，变得不再那么狭隘，不再那么偏激，才会有机会收获美好的爱情和婚姻。

"床头吵，床尾和"，夫妻吵架也要有情调

温格·朱利是美国的一位婚姻问题专家，他曾写了一本名叫《幸福婚姻法则》的书。为了提高该书的发行量，朱利决定聘请一对老夫妇作为该书的代言人，他们就是当时已经 102 岁的丈夫兰迪斯和 101 岁的妻子格温。这对百岁老人对美婚姻曾做出这样一句总结："世界上最幸福恩爱的夫妻，一辈子里，都有至少 200 次离婚的念头和 50 次掐死对方的想法。"

这一总结可谓生动形象，的确，天下没有不吵架的夫妻，即使在外人眼里再恩爱的夫妻，也不能例外，正如俗话所说，没有勺子不碰锅沿的，也没有牙齿不咬舌头的。所以，从某种角度来说，夫妻吵架对于婚姻来说，似乎就如同满汉全席里的一道菜，缺了它，成不了席。

那么，这世上究竟有没有从没争吵过的夫妻呢？或许有人会说，从没见某对夫妻红过一次脸、吵过一次嘴。但是，没有见过他们吵架，不等于他们真的没吵过架或者没有过矛盾。或许是他们在争吵的时候没有被发现，也或许是因为他们已经掌握了吵架的艺术，很巧妙地把夫妻间的吵架变成了生活中的调味品。

既然吵架避免不了，那么，要想婚姻不被吵架破坏，我们就该学一些吵架的技巧。夫妻之间是最亲密的伴侣，大多情况下不会发生什么原则上的冲突，吵架的原因多半是一些鸡毛蒜皮的生活琐事。所以，绝不能因为吵架而伤了对方的感情，危害了婚姻和家庭的稳定和幸福。另外，如果深

优雅女人的气质修炼课

究夫妻之间吵架的原因，多半时候是由女人挑起的，所以作为女人尤其要注意吵架时的分寸。

要弄清自己发火的原因是什么。女人大多感性，心思细密，所以常会为了一些小事儿而迁怒于老公，比如说，老公没发现自己的新发型，或者老公跟朋友聚会又回来晚了……其实，冷静想想，这些理由真的值得你们大吵一架吗？或许，这些只是你发火的一个借口，而真正的原因或许跟老公一点关系也没有，而是因为你自己的情绪出了问题。而且，即使就是因为老公的这些行为让你生气，你也要学会站在对方的立场上想想。男人大多粗心，对生活上的一些小细节并不是十分在意，你是否换了新发型、买了新衣服，如果你不提醒，他们大多发现不了。另外，男人在外都有交际圈，偶尔跟哥们一起喝喝酒无可厚非，如果是因公应酬，作为老婆就更应该体谅了。

吵架时措辞不要过激。女人大多爱干净，所以总会把家里收拾得很整洁，但男人大多不修边幅，经常把臭袜子到处扔，刚拖过的地板上经常会留下他们的脚印……这时候，作为老婆的你虽然很生气，但也不要对他大声大吼，更不要把"懒货""脏鬼"这样的字眼经常挂在嘴边，因为你这样做，不仅不会让他们改正坏习惯，反而还会让他们产生厌烦和逆反心理。其实有时候，男人就像小孩一样，需要你来哄，比如说这时候你可以换一种委婉的说法，比如："老公，人家辛苦好半天才打扫干净的，你就不能爱惜一下我的劳动成果吗？"这样效果一定会很好。

吵架归吵架，但不要轻易把"离婚"两个字说出口。女人有时候总是习惯用离婚作为对男人的一种威胁，刚开始时或许能起到一定的作用，但时间久了，当这两个字频繁出现，那么男人或许会信以为真，以为你们的婚姻真的无可挽回了。到时候你再后悔，可能就来不及了。所以，除非你们的感情已经到了山穷水尽的地步，否则这两个字最好不要轻易说出口。

千万不要当着外人的面吵架。俗话说：清官难断家务事，夫妻间的矛盾则算得上是家务事中最难断的一桩了。有些女人总是当着外人的面来数落自己的老公，或者吵架后总是请亲戚、朋友来评理，弄清是非曲直，女人这样做似乎是想通过"舆论"来让男人屈服，其实这种做法极不明智。若把争吵公开出去，只能使夫妻间的矛盾趋于表面化和明朗化。好心人来劝解，很难说明谁是谁非，弄不好可能还会把亲朋间的关系弄僵。因此，会吵架的女人都知道应该保守秘密，这种保密性为你们之间矛盾的迅速消除打下了良好的基础，事后一声道歉或是一个微笑，便能使你们的关系由阴转晴，前嫌尽弃。

其实，哪个女人都不愿意和老公吵架。可有时候，争吵还是会实实在在地发生。每一次吵架都会让女心中很烦，也会让男人元气大伤，总是这样下去，生活又该如何继续呢？但是，争吵似乎又是每对夫妻都难逃的魔咒，那么这就需要你好好地研究一下吵架的艺术了。如果掌握了吵架的方法，你就可以巧妙地度过吵架这个婚姻中的关口，让婚姻幸福稳定地走下去。

优雅女人的气质修炼课

学会"放风筝",婚姻更幸福

俗话说,距离产生美。这是一条很经典的美定律。在男女关系中,这条定律也十分适用。或许有人会说,恋爱和婚姻中的男女之间,本应拥有世界上最亲密的关系,为什么要保持距离呢?有了距离感情不就会改变了吗?其实不然,因为这里所说的距离产生美,并不是说非让双方在空间上保持一定的距离,而是说要在心理上多给对方一些空间。这个道理跟放风筝的道理有些相似。

放风筝时,如果你想让风筝飞得高飞得远,最关键就在于你手中的那根线,而风筝之所以能稳稳地在空中迎风展示它的美丽也正是为有了这根线的牵引。当然,如何把这根线的松紧程度调节得恰到好处也是大有学问的,拽得过紧,风筝很可能就会断线坠落下来,如果线放得太松,风筝又会因为飞得太高太远而挣脱掉线对它的束缚,最后飘离你的视野。所以说,这其中"度"的把握十分关键。对于女人来说,爱人就好比一只风筝,经营婚姻就好比在放飞这只风筝。

"望夫成龙"想必是大多数女人的心愿,而要达成这一心愿,你就应该像放风筝那样放开捆绑他的那条"绳索",让他能够放开手脚去思考,去实现自己的梦想。如果你总是试图把爱人抓得很紧,那么他反而会感到羁绊和困扰,这样做只能让婚姻最终从你的手中慢慢溜走。

半年前,公司人事调动,新来了一位销售总监,名叫品超。品超长得高大英俊，而且工作能力很强，对工作也十分认真。小薇是总监办公室的行政主管，人长得漂亮，而且聪明能干。小薇作为行政助理，平时少不得与品超打交道。小薇对待工作认真负责，所以很快就得到了品超的认可。同时，小薇的美丽大方也渐渐打动了他的心。

一直以来，品超都是个工作狂。这些年一直忙于事业上的打拼，所以几乎没有时间谈恋爱，三十五岁了还是单身一人。而且，随着年龄和阅历的不断增长，也让他对女人的要求越来越高。家人朋友为此都挺着急，也给他介绍了许多条件不错的女孩子，可是他都不太满意。而小薇的出现却激起了他全部的热情，经过一番追求，小薇成了他的女朋友。

一年之后，他们步入了婚姻的殿堂，小薇也回归了家庭，当起了全职太太。正当大家都在为这对金童玉女庆贺的时候，仅仅过了半年，却传出了他们即将离婚的消息。周围的朋友、同事都不敢相信这是真的。那么，他们之间到底发生了什么事情呢？

原来，结婚后，品超渐渐地发觉小薇好像变了一人，不再像原来那样大方，那样宽容，而是时时刻刻都在计较得失。作为销售总监，品超的工作非常忙，应酬也非常多，所以难免有很多顾及不到小薇的时候。在谈恋爱的时候，小薇在这方面表现得非常大方得体，善解人意，从不跟品超计较。可是结婚后，她却经常因为这些和品超闹别扭。刚开始时，因为爱她，品超还能耐下心来哄她，可时间一长，他便有些厌烦了。而最不能让品超容忍的就是，小薇开始怀疑他。因为他事业有成，潇洒多金，所以难免身边总有一些闲言碎语。原来在一起工作的时候，小薇从不相信那些所谓的传闻，有时还会为他辩解一下。可是，结婚后，只要有一丝的风吹草动，她就会像怀疑"犯人"一样怀疑他。虽然说，爱都是自私的，但如果自私到了一定的程度，也是无法让人接的。

品超和小薇不止一次地谈过，小薇也知道自己的做法有些不可理喻。

优雅女人的气质修炼课

可是，这样的事情还是接二连三地发生。最后，品超终于忍无可忍了，跟她提出了分手。

男人天生都是崇尚自由的，而且越成功的男人越需要宽广和自由的空间，可是很多女人却都不明白这个道理。故事中的小薇正是没能明白这个道理，最终才失去了本来已经握在手里的幸福。

所以，在对待婚姻的时候，女人要拥有对待风筝的心态。要知道，适当的放手、爱护、宽容和信任，才会让你的婚姻像那只风筝一样飞得更高、更远。

保鲜婚姻,你要用点小心计

许多女人在结婚前,对婚姻是充满着许多美好的幻想的,可是当她们换下飘逸的婚纱,回归到柴米油盐的琐碎和朝夕相处的寻常生活中时,就会发现,原来自己幻想的那些都是不存在的。婚姻生活并不像自己想象中的那样温馨,而且会有各种各样的烦心事儿,让人应接不暇。这时候,很多女人就会因此产生疑惑,甚至有些茫然了。其实,爱情和婚姻本就不是同一件事情,女人们只是把它们混为一谈了。爱情需要的是激情,是甜言蜜语和花前月下,而婚姻需要的则是细心的经营,是柴米油盐和桌上床下。

可是现实生活中有许多女人并不明白这个道理,所以,当她们发现婚姻并不是自己想象的样子后,便产生了消极的想法。她们懒得再去努力促使生活充满新鲜,也懒得再装饰自己、提高自己了。殊不知,这样做的后果,很可能真的会让原有的爱情发生变化,甚至让婚姻走到尽头。

不过,生活中有心的女人还是占大多数的。她们很聪明,虽然刚开始也可能会因婚姻与自己的期望相去甚远而烦扰,但很快她们就能转变思维,从烦扰出跳脱出来。为了让婚姻保持最初的新鲜,她们会在平淡的生活中想办法增添一些小情趣,也懂得不断地为婚姻这棵大树添加新的营养以确保它的根基健康地成长。其实,做到这些并不难,一句简单的祝福,一顿意外的烛光晚餐,一次精心策划假期旅行,甚至是一次故意制造的小"麻烦"，都会让婚姻多一些温馨，多一些真实，多一些幸福的味道。

爱情里，或许相貌、学识会让女人很加分，但落实到实实在在的婚姻里，这些条件似乎不再那么重要，更重要提女人是否会经营自己的生活和自己的婚姻。下面，我们就来给大家讲一讲让婚姻一直保持新鲜的小方法，如果你想和老公恩爱白头，可要仔细看了。

把老公放在第一位是永远没错的。在爱情中，男女双方能看到的只有彼此，但是结婚有了孩子后，女人的心思大半就会放到孩子身上。这时候，女人难免会因为工作和孩子而忽略了老公，其实，这样做是有一定隐患的。虽然刚开始男人不会多说什么，但长此以往，他会觉得自己受了冷落，会因此与你产生隔阂。所以绝不能因为孩子和工作而忽略了对老公的关心和爱，在婚姻中，孩子固然重要，但记得老公才是和你共度一生的人，所以无论到何时也不要忽略他的感受。

要给老公一定的自由和空间。好多女人结婚后都会变成"控夫症"患者，总希望老公什么事儿都听自己的，但这是不现实的。人的内心都是渴望自由的，尤其对于男人来说自由更为重要。给他一定的自由空间，是尊重他、信任他的表现，面对你的这种尊重和信任他反过来会给你更多的爱。

学会和老公积极沟通很重要。很多女人在结婚以后往往忽视了与老公的交流，长久下来，难免会让双方产生一些生疏感。而且，在一些问题上如果沟通不及时，那么矛盾便会不期而至。所以，无论是在平时的生活中，还是在遇到一些问题的时候，都不要忘记和老公积极地沟通一番，那么所有的问题、矛盾都会迎刃而解，烟消云散。

要让老公帮你分担一些家务。这样做的真正的目的并不是让你从家务劳动中解脱出来，而是要让老公体会一下劳作的辛苦，让他明白长久以来你是多么不容易地在操持这个家。而且，也可以让他意识到自己是这个家里不可缺少的一员，从而增加他对家庭的爱护和责任心。

人前一定要维护他的利益。夫妻之间在私下里闹意见、闹分歧都是在所难免的，也都是可以理解的。但是，在公共场合，你们是一个整体，如果老公在哪方面受到不公平的待遇或是攻击，这时候你必须义不容辞地站出来维护他的利益，这是作为一个合格的妻子应尽的责任和义务。

一定要忠诚于婚姻。如果你不够温柔，他也许依然会纵容你；如果你不再漂亮，他也会只注重你的内在美；如果你不会做饭，他也能勉为其难地给你当厨师……可是，如果你不小心"红杏出墙"，那么他或许永远也不会原谅你。所以，对这一点一定要时刻保持清醒的认知。否则，后果可想而知。

要想使买回来的水果保持新鲜，就要把它们妥善地保存起来，婚姻也是一样的道理。如果不懂得及时而巧妙地保持婚姻的"新鲜"，那么它难免会变成一只"烂苹果"。幸福的人生需要爱，幸福的婚姻需要女人的经营，当女人领悟了这一人生哲理，她就能以更好的心态理解婚姻对自己生命的意义。

优雅女人的气质修炼课

情敌不可怕，妙招对付她

现代社会，处处充满着竞争，办公室里，谈判桌上，甚至是家庭生活中，也是如此。婚姻家庭中的竞争，多半与外来侵入有关。也就是说，女人想要拥有甜蜜的爱情和幸福和婚姻，有时候不得不面对许多情敌。自信满满的女人不怕竞争，感情丰富的女人不轻易放弃竞争，但知道如何竞争的女人才能最彻底地保证胜利。正所谓，"知己知彼，百战不殆"，想要对付情敌，当然要弄清楚她属于哪一种类型，然后才能做到"对症下药"，将其成功"歼灭"。

第一种类型，男人招惹回来的情敌。当花心的男人招惹回情敌时，与其说要对付她，倒不如说是要对付他。遇到这种情敌分两种情况，如果你还没结婚生子，那最好不要考虑，分手是最好的选择；如果你已经结婚生子，那就不能太过冲动，最好自我检讨一下，是不是自己哪里做得不够好。同时，也要开诚布公地跟他好好谈谈。相信，通过你的努力和自我完善，你们的关系一定会有所改变。

第二种类型，与男人两厢情愿的情敌。从某种程度上来说，这种情敌最可怕，因为她们和男人之间有一定的感情基础，所以对付她们一定要讲究一些策略。最好的方法便是"以柔克刚"，目的有两点：第一，要让她只看到你的温和而不是你的歇斯底里，这是你自身素养的体现。如果让她觉得你是一个低劣的女人，那么她会变得更加恃无恐。所以，在她面前你一定要保持风度，不能和她有正面的冲突。那么，你的优雅和大方一定会让她感到自惭形秽，或许她会因此偃旗息鼓。第二，你的宽容和大度也会让老公对你有一个公正的评价。情敌出现或者情况更糟时，你的选择是平静地处理，或者就当作一切都没发生过，一如既往地待他，那么，只要他还没有走得太远，就一定会回心转意。

第三种类型，主动招惹男人的情敌。这种类型的情敌最可恶，明知男人有女友或老婆，却毫不介意，仍一心想要插足，并美其名曰打着"爱情"的旗号。可气的是，男人基本上都不会拒绝这种"投怀送抱"的女人。在这种情况下，你就不要对她太客气了。约她出来开诚布公地谈一谈，语言要犀利，措辞要"狠毒"。这种类型的情敌大多盛气凌人，或许根本不会把你放在眼里，所以在气势上你一定要把她压下去，那样，多半你会赢得最后的胜利。

第四种类型，秘密隐藏型的情敌。有时候，这种类型情敌的杀伤力比两厢情愿型的还大，尽管她现在还没成为你的情敌，却有发展的苗头，因此你要格外小心。她们通常都是他身边的人，比如朋友、同事，如果你发现有一点迹象，那么最好的办法就是先发制人。主动和她接近，让她成为你的朋友。然后在她面前好好地秀秀你和老公的恩爱，这样做会在很大程度上把"情变"杀死在"襁褓"之中。

当然，最好的打败情敌的方法就是学会"防患于未然"。比如说，婚后要尽量劝老公戴上婚戒，在他的办公室里、车里以及其他显眼的地方都摆上你们的合影或是孩子的照片，让其他女人知道你们的甜蜜。这是一种心理战术，而且往往很有效。

不过，话说回来，女人在学会对付情敌之前，如果能把自己的男人搞定，那就可以免除一切后患了。然而，很多女人却不明白这个道理，她们恨不能把男人拴在身边，时时刻刻都在密切关注着他们的行踪。男人走到哪儿，

优雅女人的气质修炼课

她的电话就跟到哪儿;男人晚回家一会儿,她就要刨根问底,没完没了。这样的女人难免会让自己从可爱变成让人厌烦。还有的女人仅凭一丝蛛丝马迹便开始不问青红皂白地大吵大闹,这样做的后果可想而知:如果男人真的有了外心,并不是哭闹就能解决的;如果男人本无外心,但经你这么一闹,或许他真的会对你产生厌烦。

每个女人无论在恋爱时还是结婚后都难免遇到情敌,这时候你一定要"奋起反抗",绝不能把自己苦心经营的爱情或是婚姻拱手让给别人。而只要你掌握了好的方法,多半是会取得胜利的。而且,对于通过努力争取回来的感情你也会更懂得珍惜。

爱婆婆，要像爱自己的妈

在现实婚姻生活中，相信绝大多数女人都会遇到一个让她们头疼不已的问题，那就是与婆婆的关系问题。在全世界范围内，婆媳关系都可以说是一个千年不变的老大难问题，在中国现代社会尤其如此。如今，婆媳关系更是被称为严重影响婚姻关系和质量的"恶性肿瘤"，其危害程度仅次于"婚外恋"。

其实在婆媳这场争战中，夹在中间的男人是最辛苦的。面对两个对自己同样重要的女人，男人们通常左右为难，不知道该怎么办。如果你爱你的老公，不想让他再受这种"夹板气"，那么你就应该好好地与婆婆相处。与婆婆处好关系，不仅可以为家庭制造温馨的氛围，减少争斗，而且也可以让你的老公更爱你。试想一下，如果你和婆婆关系很好，那么她一定会在儿子面前说你的好话，这样一来，老公能不更爱你吗？所以，与婆婆关系的好坏与否，在一定程度上影响着你的婚姻质量。

可是，这话说起来虽然简单，但落到实处却也是并不容易的。不知道为什么，婆婆和媳妇之间天生就好似隔着一条"鸿沟"，有时候儿媳即使使出了浑身解数，也很难跨过去。但是，很难并不代表绝对不能，其实只要你用点心，发挥一下自己的聪明，是完全可以参透其中的奥妙的。下面，我们就来给大家讲一讲跟婆婆相处的一些小方法，希望可以帮助到你。

要做好"表面功夫"。即使你对婆婆有一些意见，或者与她的关系还不是很融洽，但最好不要在她面前表现得太过明显，做做"表面功夫"是十分有必要的，即表面上跟她亲近一些，嘴巴甜一点，勤快一些。如果你在表面上或外人面前给足婆婆"面子"，那么即使她心里对你有不满意的地方，也会因此有所改变。不要以为做表面功夫都是虚情假意，如果你在意这种表面功夫，并很努力地把它做得很好，那么婆婆也一定会感受到的。

要学会让步。你和婆婆毕竟是两代人，成长环境、生活和教育经历也都不尽相同，在一起生活难免会产生一些生活习惯上的分歧。这时候，作为儿媳，你最好能退让一步。因为，婆婆的一些生活习惯不是一朝一夕养成的，想让她突然改掉会很困难，所以还不如你自己稍做改变，这样不仅更方便，而且也能让她体会到你的良苦用心，从而对你另眼相看。

你要比老公还关心婆婆。一般来说，婆婆当然不如自己的妈妈亲，但你只要拿出对自己妈妈一半的好来对待婆婆，那么就能让婆婆感到你是真的关心她，甚至比她儿子还好。比如，老公粗心时可能会忘记婆婆的生日，但你却一定要记得，并为她送上一份精心的礼物；老公平时工作很忙，可能没时间陪母亲聊天，这时候你也要主动代劳；老公是男人，难免有些粗心，所以不一定知道母亲最需要什么，这时候你可以把为自己母亲准备的礼物也送给婆婆一份……总之，只要你够细心，就不难赢得婆婆的心。

对老公要比对自己还好。对自己的老公好是必需的，而且在婆婆面前你更要对老公多一点体贴，那么婆婆一定会感到特别安慰。比如，在婆婆面前不要让老公干太多家务活；家里的大事也不要总是抢着做主，要让婆婆看到老公才是家里的"一把手"；家里的小事也别让老公太操心，你能想到能做到，主动做了就对了。总之，让婆婆看到你对她儿子比对自己还好，她就会这样想：儿子娶了个好媳妇，我可以放心了。

让距离产生好感。都说距离产生美，这一定律不仅适合在恋爱和婚姻中的男女，同样也适合婆媳之间。所以，如果老人身体还可以，最好不要生活在一起,那样矛盾自然会少很多。当然,即使不住在一起,也要时常回去看望他们,让想儿子、想孙子的婆婆多看看他们,再帮婆婆干点力所能及的家务活。这样一来,虽然不生活在一起,却会比生活在一起更亲近。

其实,做一个好儿媳并没有什么一定的准则,只要你把婆婆当成是自己的母亲,婆婆也一定会感受到你的这份真心,爱你、疼你也是想当然的了。

第8章
学会理财，你才能优雅富足一辈子

如今，虽然有许多女人在赚钱能力上并不比男人逊色，可是有时候她们的理财意识和理财能力，却有些让人不敢恭维。既然全社会都在倡导"想要做幸福女人，必须要财务独立"的大趋势，那么女人就要在赚钱的同时，不要忘记理财，而且理财本身也是一种变相的赚钱方式。只要你能掌握其中的知识和技巧，那么你就有机会成为一名"财富女"。这样你才更有机会实现独立自主的梦想，让自己的生命更加充满活力！

优雅女人的气质修炼课

理财对女人的意义

对现代女性来说，理财是安身立命必须学会的一种技能。对于不同年龄阶段的女人来说，理财都会带来许多好处。比如，二十几岁时女人会理财，可以有更多的机会结识"金龟婿"，嫁入豪门做贵妇的希望也就更大；三十几岁时女人会理财，可以让自己的婚姻更稳固，即使被婚姻抛弃，也会在有生之年不愁吃喝；四十几岁时女人会理财，可以让自己的孩子受更好的教育；五十几岁女人会理财，可以过一个愉快轻松的晚年生活。总之，会理财，可以让女人变得更美丽，更有品位，更有机会享受自己想要的生活。

那么，女人应该怎样去理财呢？首先要制订一个理财计划，古语说："凡事欲则立，不欲则废"，理财也是一样的道理。对于理财新手来说，一份合理的理财计划可以将原本纷繁无序的事情变得条理清晰。那么理财计划该怎么来做呢？理财专家给大家提出了以下几点建议：

第一，衡量一下自己现在所处的经济地位。不弄清这个问题，就无法继续接下来的工作。具体来说就是，计算一下自己目前每个月能赚多少钱，除了花销能剩多少钱，然后再根据这个数目去选择合适的理财工具。

第二，要有效地改变现在的不正确的理财方法。如果现在的理财方法让你感觉不到太多的实惠，那么也千万不要用"稳妥"的借口说服自己，赶快再找一个可以赚得更多的理财工具。当然，生钱快那些要继续保留。

第三，要衡量接近目标所取得的进步。这是一个很重要的评估理财计划实施进程的一点，如果你所列的理财计划，在执行的过程中，离你预先的财务目标很接近，这就说明你的理财计划在生效，反之则无效。

制订好一份详细的理财计划之后，你就可以根据自己的实际情况选择最适合的理财工具来打理你的钱财了。对于女人来说，在理财上还有一个观念要树立，不仅要越早越好，而且最好能贯穿女人一生的各个阶段。那么在不同的人生阶段该抱有怎样的理财观念呢？

在求学成长期，这时候应以完成学业为主，但也可以利用课余时间多充实一下有关投资理财方面的知识，树立正确的消费观，为将来打好理财基础。

学业完成步入社会后，女人第一次迎来了经济独立的机会，也是开始正式理财的正好时机。这时候，可以从开源节流以及资金有效运用上双管齐下，获得更多的财富，但切记不要急躁冒进。

当女人走进婚姻后，此时的理财会因目标、条件以及需求不同而与以往出现许多差别。若是双薪或是打算"丁克"的家庭，那么投资能力会较强，可以试着从事高获利性及低风险的组合投资；而对于绝大多数普通的家庭来说，就应该兼顾子女养育费用的一些投资，理财也应该采取稳健及高获利性的投资策略。

在子女成长期的时候，女人的理财重点应该放在子女的教育储备金上。此时因为你虽然已经过了职业黄金期，但由于工作经验丰富等原因，或许收入也会相应增加，这时候理财投资就应该采取组合方式。

当子女长大成人，各自独立后，女人的理财重点应该向医疗、保险以及退休基金等方面靠拢。同时，如果身体条件允许，也可以开始考虑为退休后的第二事业做准备。

退休之后，应该是女人财务最为宽裕的时候了。这时候不仅手里有所积蓄，而且还有退休金、养老金可拿，从儿女那也可以拿到一份"孝心"。

这时候理财更应采取"守势",以"保本"为主,不要再从事高风险投资,以免影响健康及生活。

投资理财是一门深奥的学问,绝对值得女人用一生的时间去刻苦钻研。如果你还是一个"理财盲",那么从现在开始积极地学习和领悟其中的道理吧。许多事实证明,比起生于富贵之家的有钱女,用自己的能力赚到钱,并用心去打理的女人,会更容易获得幸福的感觉。

学会理财从记好账市开始

俗话说：好记性不如烂笔头。对于想要学会理财的女人来说，学会记账是第一步。这是因为，谈到理财问题时一般有两种角度，一种是钱从哪里来，另一种是钱到哪里去。而要清楚了解这些信息，记账是必经之路。通过记账，你就能清楚地知道每个月的钱到底都花到了什么地方，经过分析也会知道哪些钱是该花的，哪些钱是可花可不花的，哪些钱又是不该花的。而且，通过记账还可以时刻提醒你这个月已经花了多少钱，从而避免入不敷出的情况出现。

对于大多数工薪阶层的女人来说，收入一般比较固定，所以记账的重点是支出的记录。一般来说，钱的支出分为两个部分：一部分是经常性支出，即日常生活开销，另一部分是资本性支出，即资产项目。经常性支出的数目相对稳定，但资产性项目却可根据自身的收入情况予以适当的调整。一般来说，资产性项目可以提供未来长期性的服务，例如买一台电视，如果寿命为十年，那么它就将为你提供十年的长期服务；若购买住房，同样能带来生活上的舒适与长期服务。另外，购买股票、基金工者保险等投资行为也同样是资产性支出。

对于没有记账经验的人来说，刚开始记账，大多会采用记流水账的方式，不过，这也是最适合普通人的一种记账方法。简单来说，记流水账就是按照时间、花费、项目逐一进行登记。当然，如果你想让账本更科学合理，除了要翔实记录每一笔消费外，最好再记录上消费时采取的付款方式，即现金支付、刷卡支付（储蓄卡）还是供贷支付（信用卡）。

不要小瞧了记账的功用，在理财的过程中，这是绝对是必经的一条路。下面是一些关于记账的小方法和小技巧，希望可以帮助到准备开始记账的你。

记账的第一步，就是要保存好所有消费凭证。好多人在平时的消费中并不向商家讨要消费凭证，对于记账来说这绝不是个好习惯。因此，一定要养成消费后向商家索取凭证或发票的习惯。另外，银行代缴的一些单据、借贷收据、刷卡签单及存、提款单据等也要一一保存好，以方便查找、核对。

记账要分好类别。凭证收集全之后，再按消费性质分成衣、食、住、行、育、乐几大类，每一项目按日期顺序排列，再按照消费项目记录。对记账较熟悉之后，你还可以根据个人需要将这些项目再加以细分，这可以让你更清楚钱都花到哪儿去了，同时也可以为下个月的规划做好预算。

记账要事无巨细。美国著名的理财专家大卫·巴哈曾提出所谓的"双倍拿铁因子"理论，也就是那些不必要的"固定经常性开销"，比如付了款却未必常去的健身俱乐部、一个星期打一次车的费用，或者一个月去几次咖啡厅的费用等，这些开销，或许平时根本引不起你的注意，但是把这些花销累积下来的金额却会令你咋舌。所以，这样的花销也要笔笔记录在册。

要定时检视自己的花费。经过记账，规划你每个月的预算，并定期检查每一次支出状况，这样便可以提醒你不可过度消费，还可以显示本月你还剩下多少钱可以用来消费。

还要定期结算你的消费记录。这个期限最好是一星期，当把一个星期的消费记录全部结算清楚之后，如果你发现在"衣"的部分已经超过预算，那么你就必须减少其他部分的预算来弥补超支的这部分。如果你用信用卡记账,更要定时上网查看自己的消费记录,并随时做出调整和修正。

好的开始等于成功的一半。记账是理财的第一步,走好这一步便可以更好地为下一步的消费做好预算。学会记账,会让你发现自己在消费中存在的许多问题,通过积极改正,你就会慢慢学会理性消费。所以,别再找任何借口,也别再耽搁一分一秒,赶快拿起笔,做一个会记账的理财女吧。

优雅女人的气质修炼课

一

合理存钱是理财的基础

一说到理财这件事,很多女人首先想到的便是股票、基金、期货,以为这些才是理财。于是,她们会买来一大理财书,去研究专家们怎么说,然后照搬里面的一些方法和套路,以为这样自己就可以成为理财高手了。可是当她们按照书中的方法把钱投入股票、基金市场之后,却大半血本无归。即使有人能够从中赚到钱,也是极少数的。不可否认,女人对股票、基金等高风险的理财产品的敏感度不如男人,所以对这些理财方法尽量还是要慎重选择为好。

其实,理财并不仅仅包括股票、基金等高风险的投资项目,有一种方法在理财中十分重要,却偏偏被许多女人忽视了,那就是合理的储蓄。

对于理财入门级的女人来说,储蓄是一种既安全又能增长理财经验的好方法。而且,储蓄不仅是一种合理的理财方式,同时也是其他理财方式的基础。试想一下,无论是股票、基金,还是保险、国债、艺术品,都需要有资金的投入。那么这些原始资金从哪儿来呢?自然大部分是从储蓄中来。因此,进行合理的储蓄,绝对是正确理财、成功理财必不可少的坚实一步。

虽然储蓄是一种十分简便的理财方式,几乎人人都会,但是能做到科学合理、带来有效回报的人就不多了。事实上,在现实生活中,许多女人之所以选择储蓄作为理财方法就是为了图方便。她们遵循的方法基本上是:

把每个月的薪水（或创业利润）除去花销和一些手头的"活钱"，剩下的都存进银行，剩余的多就多存点，剩的少就少存点，每个月没有明确的数目。其实，这种储蓄是不能称为理财的。还有一些女人在储蓄时或许会有一些规律，比如每个月都存入固定的数额，但说白了这其实是一种强制储蓄，目的并不是理财，而是防止自己乱花钱，充其量只能算是一种好习惯而已，离理财还有一定的距离。

其实，储蓄对于理财来说至关重要，而且其中也是有一定规律可以遵循的。科学合理的储蓄方法应该是这样的：先根据自己的理财目标，再根据自身的情况，之后通过精确的计算，得出为达成目标所需的每月准确的金额；然后在努力提高收入的同时尽可能做到量入为出，避免浪费，以便每月的盈余数目可以再多一点。最后在这些明确的理财目标的指引下，每月都按此金额进行储蓄，每月盈余多出的部分可以用来改善生活，当然也可以用来投入其他理财工具上，从而创造出更多的价值。具体说来，科学合理的储蓄应该遵循下面三个原则：

第一个原则，要从心理上重视储蓄。千万不要只把储蓄当作一项任务去完成，只有真正地从心理上重视储蓄，才能成功地走上理财之路。如果你只把储蓄当作一项任务，首先会让你从心理上对它产生一种厌恶感，对于自己感到厌恶的事情还怎么能用尽心力去认真完成呢？反过来，如果你从心理上对它有一种重视，你又怎能不去用尽心力完成它呢？对一件事物怀有不同的态度，那么产生的结果也会大相径庭。

第二个原则，平衡"支出"与"储蓄"。在许多女性的观念里，认为"收入－支出＝储蓄"和"收入－储蓄＝支出"是没有区别的，如果单从数学公式的角度来看，它们之间确实没有什么差别，但是，如果从理财的角度来看，它们之间却有着天壤之别。我们来分析一下：比如说你一个普通的白领，每个月都有固定的收入，这个收入便可称为"恒量"，那么储蓄

优雅女人的气质修炼课

和支出就是"变量"了。把这些套入第一个等式,那么储蓄就变成可有可无了,因为能剩余就存,没有就不存。这也就是很多女人存不下钱、理财规划做得不好的根本原因。因此,如果想走好科学储蓄的第一步,就要尽量遵循第二个等式,然后尽量做到节约支出,留下盈余,用于储蓄。

第三个原则,要不断增加收入。关于合理储蓄有哪些诀窍,许多女人都认为想方设法地减少开支是最好的办法。虽然这是一种办法,但绝不是最好的办法。因为减少开支也要看家庭的具体情况,如果因此降低了生活质量,那就有些得不偿失了。那么对合理储蓄来说,最好的方法是什么呢?对,就是想办法增加收入。收入增加了,每月用来储蓄的盈余自然就会增加了。

如今,各大银行也根据储户的特点推出了诸如活期储蓄、定活两便储蓄、通知储蓄、零存整取、整存整取、存本取息、教育储蓄等很多储蓄品种。你可以根据自己的实际情况,来选择其中最适合自己的一种或几种。另外,各大银行除了在经营以上这些传统的储蓄品种之外,还相继推出了多种流动性极强的循环理财产品,比如商业银行在外汇储蓄利率上的差异,银行理财产品门槛的提高,都为储蓄者作为理财方式的发展创造了机会。因此,在今后的几年中,把储蓄作为基本的理财工具不失为女性朋友在理财方面的一个不错的选择。

科学合理地储蓄是一个相当漫长的过程,无论赚的钱是多还是少,都应该尽早树立起正确的理财观念,然后再持之以恒地坚持下去,那么就有机会达到你心中的理财目标。

"月光公主"并不是浪漫的代名词

一提起"月光族",大家都不陌生。相对来说,"月光族"在年轻人中比较普遍,而且其中女性所占的比例相对大一些。她们的消费观通常是这样的:赚多少花多少,绝不为下个月没钱而发愁!通常情况下,她们从不存钱,也从不涉足其他一些理财工具,但是,打折换季的商场里却一定会看到她们的身影。她们的外表总是光鲜亮丽,时刻走在时尚潮流的前端。然而她们的精神状态却似乎是围绕着月亮而产生变化的——上弦月的时候,她们神采飞扬,举手投足间洋溢着洒脱的气质,即使一掷千金也绝不皱一下眉头;可是到了下弦月的时候,她们却产生了一种即使是华丽的外表也掩饰不住的精神上的惶恐。"穷富不过30天",是对她们最生动、最形象的描述。现实生活中,这样的"月光公主"有很多。

翔玲在一家外企行政部的主管,她就是一个典型的"月光公主"。虽然在公司职位不是很高,但外企的待遇非常不错,所以跟同龄的一些其他女孩相比,她的收入算是比较高的了。可是,参加工作已经三年的翔玲的银行账户里却没有一分钱,因为每个月她都会把薪水花光光。她满身名牌,从衣服、鞋子到包包、化妆品。虽然翔玲觉得过得潇洒快乐,但心里却也隐隐有着一丝不安。她的不安来自跟她一起参加工作的表妹。三年的时间,表妹已经分期付款买了一套小房子。翔玲很想不通,同样是白领,表妹的薪水跟自己的也差不了多少,为什么她能攒下一套房子的首付呢?后来,

优雅女人的气质修炼课

在一次和表妹的旅行之后,翔玲终于明白了其中的原委。

国庆长假即将到来,姐妹俩准备和一帮朋友一起出去玩一玩。临行前,表妹根据旅行的目的地制定出一条最佳路线,并且选择了夕发朝至的火车,这样把住宿费和交通费合而为一,十分划算。她们去的地方是海边,所以总免不了要品尝一些海鲜。这时候表妹建议大家到海鲜批发市场去买,然后拿到餐馆加工。这样一来,价格比餐馆里点的便宜了许多,而且食材也更新鲜美味。就这样,一场旅行下来,表妹帮大家省了三分之一的花销。而且,逛当地商场的时候,其他人都因为打折而买了一大堆服装、包包、化妆品,可是翔玲的表妹却只选择了几件有当地特色的纪念品。

通过这次旅行翔玲发现,对于自身经济状况的认知和今后的财务打算,自己和表妹根本不能比。如果说表妹是一位理财高手,那么自己连一只理财"菜鸟"都算不上。从那以后,翔玲开始虚心向表妹学习理财经验,她希望自己也能够像表妹一样做一个银行有存款、自己有房子的"小富姐"。

跟"月光族"相对应的就是"月余族",翔玲的表妹是一个典型"月余族"。"月余族"不会特别追求时尚,但生活品质也不差,而且她们的日子过得比一般人更轻松自在。她们都十分清楚钱来得不易,所以买东西时常货比三家,而且个个都是砍价高手;她们购物时很理智,很少在商场里东游西逛,找到自己要买的东西便走,也从不被打折商品迷惑;当然,她们也会在适当的时候犒劳自己,隔一段时间就会和朋友或聚会或旅游一次,但是绝对地精打细算;她们在不该花钱的地方绝对节约,在该花钱的地方也从不吝啬,比如学习和健康上的投资;她们通常有记账的习惯,对自己的财务状况时刻了如指掌;最重要的是她们每个月底都能剩余很多钱,或是存在银行,或是用于小额投资。"月余族"可以称得上是理财的行家能手。

所以,如果你也想回归到"月余族",就一定要养成良好的消费习惯。理财专家为"月光族"提供了一些建议,希望会对你有所帮助。

要养成强制储蓄的好习惯。最简单的办法是在银行开一个零存整取的账户，或者买一种定期定投的基金，然后每个月强制自己把钱投进去，不断积累个人资产。

要尝试一些风险较低的投资，赚一些"外快"。形成良好的投资意识是正确理财的一个关键，因为投资才是增值的最佳途径。你可以根据个人的特点和具体情况做出相应的投资计划，如保险、股票、收藏等。这种将资金"分流"的做法无形中会帮助你改掉大手大脚的消费习惯。

要改掉不好的消费观念。如果你很难控制自己的消费欲望，那么在准备去逛商场的时候，如果确实有东西要买，尽量带上够用的现金就行，不要多带，而且最好也不要带卡，除非有什么"大件"要买。

在交友上也要慎重。俗话说：近朱者赤，近墨者黑。你的交际圈在很大程度上影响着你的消费。所以尽量多结交一些消费习惯好的朋友，然后学习她们根据自己的收入和实际需要进行合理消费。

其实，每个女人都喜欢享受舒适的生活，也都拥有自己喜欢的生活方式；每个女人也都多多少少有一点虚荣心，喜欢在别人面前讲一点排场。但是，你要清楚，想要实现这些梦想，并从中感受到真正的快乐，那么你所领先的就不应该是别人，而应该是你自己。

生活是自己的，钱包也是自己的，如果你不想亏待自己的生活，那么就要心疼自己的钱包。要知道，赚钱是一件非常不容易的事情！所以，从现在开始，对自己严格要求起来吧，无论是消费还是投资都要讲究原则，考虑问题不要只从眼前的利益出发，而要将眼光放长远，多规划一下未来，努力甩掉"月光公主"的称号。

优雅女人的气质修炼课

不要让自己变成"购物狂"

不可否认的是,女人天生就有很强的购物欲望,而且这似乎是一种很自然的本能,就像猫儿喜欢鱼一样平常。当然,只不过大多数人可以把这种欲望控制在合理的、自身能够把控的范围内,所以并无可厚非。但其中一些人的这种购物欲望却会慢慢发展成到一种病态的程度,甚至达到了难以控制的地步,于是,她们便变成了"购物狂"。"购物狂"对商品有一种病态的占有欲,她们在面对琳琅满目的商品时,会毫不犹豫地大掏腰包,哪怕是对自己来说毫无用处或者是重复购买的东西也会在所不惜;她们经常去逛商场,而且每次去必定会有所"收获",有些人甚至发展到每天都要买几样东西,否则就会郁闷无比的境地。变成"购物狂"的后果不仅是钱包空空,还有可能会债台高筑。

那么,"购物狂"是怎样产生的呢?科学研究发现,购物能够刺激我们大脑中的多巴胺的分泌。多巴胺是什么?多巴胺是用来帮助细胞传送刺激信号的化学物质,人的兴奋的感觉往往都是由多巴胺作用的结果。瘾症也与多巴胺的分泌有关。

购物会令人身心愉快,是因为购物的行为本身令人兴奋,而不是购买的东西会令人兴奋。当我们看上某件商品时,大脑中的多巴胺就会大量分泌,购买欲会得到很大的刺激,但购买行为一旦完成,多巴胺的分泌就会下降至无。所以,人们在购物的过程中会很兴奋,但是回到家里看看成堆的商品又会觉得这并不是自己需要的，而且会有负罪感产生。

当然，这都是题外话，知道与否与制止我们消费冲动的行为没有多少关系。我们要弄明白的是，如何才能够把冲动消费这个破口给扎起来。

节制消费更多的是一个习惯问题，任何一个坏习惯的纠正，起初都要强制扭转，一个人是不可能顺其自然地把自己的坏习惯扭转过来的。为此，掌握一些生活技巧来抵御消费冲动是很有必要的。有约束才会有规则，一个习惯为自己找借口的女人，永远也不会成长。下面一些习惯能够有效地帮我们节制消费：

每当你想买某件东西的时候，应该先问问自己，究竟是自己的人生理想重要，还是自己的冲动欲重要。一个在生活上有诸多缺陷的人，会在理想的征途中越走越滞后。因为想要的太多，又因为开支太多，就会离理想越来越远。

要反复想一想自己是不是真的需要这个商品。问问自己买回去干什么？什么时候才用得上？能用多久？通常这几个问题一问，我们的消费冲动就会冷却很多。据说，75%的冲动型消费者是在见到商品后的15秒内做出购买决定的，所以，当我们脑海中猛然有个念头出来——这个东西就是为自己准备的时候，务必告诫自己要冷静。

要忘掉自己还有信用卡这件事。信用卡多半是用来透支消费的。当我们需要用信用卡来消费某件商品时，说明我们的储蓄状态已经很不理想了。而且使用信用卡时，会自然而然地认为这笔钱是白白得来的，但到了还款的时候，酸苦的感觉就出来了。享受还是留在自己富足的时候吧。但是，信用卡用来应急有时候还是非常有效的。除此之外，还是少使用它为好。

要少去逛购物中心，更要少进网络商城。随着电子商务的快速发展，不去逛商场已经不能有效地遏制人们的消费欲望了，不进网络商城才是更加切实的生活智慧。购物中心的产品是有限的，而网络商城里的商品却可以说是包罗万象，而且实用、廉价，只要打开手机，就会让人停不下来，直到钱包空空。所以，少逛为妙。

把钱交给可靠的人保管。对于存不住钱的人来说，没钱可花就是最好的节制方式，所以把钱交给善于管钱的人替自己储蓄，也是最保险的储蓄办法。未成家的时候，可以把钱交给父母替我们保管。成家后，可以把钱交给另一半保存。

最根本的解决办法就是努力工作。俗话说，懒惰的人常常与浪费的人做兄弟，很多人正是因为喜欢偷闲才克制不住自己的消费欲。因为不努力工作，所以才不会珍惜自己挣得的薪水；因为不努力工作，所以才看不清远方的路，和自己需要做的储备；因为不努力工作，所以才会用消费欲来填补自己的空虚。如果我们的生活一直是在和懒惰做斗争，我们就能时常活在充实里。也许你现在做的工作很普通，也不能完全彰显你的价值，但是你要知道，专注能力的培养才是最关键的。一个无法长久保持自己专注能力的人，做什么工作都不会有幸福感。

以上每种方法都有针对性，但也不是完全没有联系的，好的习惯和坏的习惯一样，如果养成的话都会形成链条。当然，这都不是一蹴而就的，习惯的建立就像煲汤，开始要用猛火煮，强制扭转方向，而后还要用文火长期地熬，建立起稳固的根基。来日方长，等到我们再回首过往，就会发现，没有什么障碍是不能克服的。

信用卡理财——精明女人的理财方式

信用卡可以理财？听到这，相信很多女人都会感到很惊讶。因为对于她们来说，信用卡的意义就是用来提前消费的。殊不知，信用卡在理财方面也是有些优势的，只不过习惯用它们来"寅吃卯粮"的卡奴是无法领会其中奥妙的。女人对消费天生有些很强的欲望，所以她们对信用卡的依赖也更强一些，尤其是年轻的女孩们，因为她们暂时收入微薄，但又向往精致的生活，所以信用卡就成为她们的"救命稻草"。

信用卡的使用法则是：利用个人的信誉作为担保。所以，当你不能按期归还借贷的款项，你就会被银行列入"黑名单"，从此失去使用信用卡的资格。而且当初你办卡时的一些担保或许也会因此受到不同程度的影响。因此，即使选择了成为"刷卡一族"，你也一定要让你自己讲信用，即好好地管理好信用卡。正确地使用信用卡。

信用卡的使用还是有一些方法可循的。首先，要控制卡的数量。信用卡数量与你的理智有时候是成反比的，而且卡多了，或许有时你会搞不清楚到底用哪一张消费了，结果账单寄到你手里时，也许你大脑还一片空白呢。其次，要建立良好的信用记录。消费状况和还款记录是银行评估消费者信用等级的重要依据，如果你的信用记录良好，那么，将来你在银行办理其他手续时，将会享有更好的待遇或是更优惠的条件。同时，要妥善保管消费收据。这样不仅方便随时对账，还可以随时提醒你"已经背了多少债务"，在某种程度上可以控制你的消费欲。当然，还有重要的一点就是要妥善保管。信用卡与身份证最好分开存放，如果不慎一起遗失，那么冒领人凭卡和身份证便可到银行办理查询密码、转账等业务，那样你的损失就大了；另外，信用卡是依靠磁性来储存数据的，存放时应注意远离电视机、电脑等磁场以及避免高温辐射，随身携带时，应和手机、播放器等有磁物品分开放置；还有，携带多张银行卡时应放入有间隔层的钱包，以免损坏数据，影响在机器上的使用。

当然，我们在这里要探讨的不是信用卡的使用问题，而是它的理财功能。

首先，关于信用卡理财，要规避信用卡使用中产生的各项杂费，这其中有人们熟悉的年费、滞纳金、分期付款利息，还有手续费和曲线手续费等。如果这些费用在使用过程中不能合理规避，那将是一笔不小的开支。

另外，消费卡使用时是有免息期的，而且越是接近账单日，享受的免息期就越长。比如，如果你每月的账单日是9日，如果在上个月的10日消费的话，那么你就能享受最长时间的免息期。这个时间段不论是对于经济拮据的人，或者是想要更好地理财的人来说，都是很有价值的。不过，记得消费时，一定要在账单日之后，不然的话，我们相应的免息期其实是最短。信用卡最大的意义还在于免费花明天的钱。这个免息期是可以用来做很多有意义的事情的。当然，这笔钱如果放在自己口袋里或者放在银行的活期账户里，就没有任何意义。我们可以利用免息期这段时间购买一些流动性高的理财产品。还有一些理财产品和信用卡之间有绑定还款服务，到期自动还款，这样我们一天的收益也不会浪费。

同时，手上有几张信用卡的朋友注意了。平时能用卡的地方就不要使用现金。信用卡每年收取的年费在几十到几百元不等，除非刷卡金额和次数满足使用要求了才可以享受免年费优惠。所以，对经常使用的卡要留心使用次数和使用金额。当某家银行的信用卡优惠活动停止了，或者我们不打算使用某张信用卡时，一定记得及时注销。开卡之后不刷卡消费，会产生年费，自己不情愿偿还这笔钱，就会产生信用不良记录。

不过，对于长时间使用信用卡的人来说，信用卡最大的用途其实是解决资金周转问题。其余的像合法"套现"、优惠消费、积分换购等相对来说用处都不大，用信用卡理财收益也不是很多。但是，当你急需用钱的时候，这笔钱还是能帮上不少忙的。

总之，只要合理使用信用卡，不仅不会受银行收取的年费、分期利息所累，还会给自己带来一些小实惠，关键时刻还能解决大问题。

优雅女人的气质修炼课

高额投资有风险，进入需谨慎

都说天下没有免费的午餐，可是又有多少人在诱惑真正摆到面前时不动心呢？现代社会，竞争激烈，人们的逐利心态也很严重。随着生活成本的逐渐提高，很多人因此按捺不住想要发财的欲望，于是便有一些人开始打起了一本万利的算盘。对于想要实现经济独立的女人来说，这种方法似乎更有吸引力。

如今，不少不法分子设下的骗局之所以屡屡得逞，正是利用一些投资者急切渴望致富的心理。这些不法分子的欺骗手段虽然拙劣，但还是会引得很多人上钩。在这些被骗的人里，不仅有中老年人，还有许多都市白领，而且女人在其中所占的比例很高。有些女人只要只听到高额的回报率，便完全没了戒心，尽管对相关情况还不太了解，但还是掏光了自己的腰包。由此可见，受不受骗跟年龄、智商都没有多大关系，只是理财观念的问题。

不过，直接导致人们急功近利心态的还是社会生活。许多人都面临着住房、教育子女和养老等大额开销的问题，所以渴望用投资来赚取超过他们能力所及的高额利润。社会经济快速发展也让很多新的经济模式层出不穷，但由于缺乏监管，所以关于投资理财的骗局也在不断上演，而且屡屡得逞。

投资不是一出喜剧，它是一种较量，皆大欢喜的结局往往不会出现在刚刚入局的人身上。轻易致富的幻想往往都是懒惰者才会做的梦，急切地想要发财的人，很快就要为自己的幼稚付出沉重的代价。稳中求胜，积少成多，不论是对理财来说，还是对投资来说，都是硬道理。

不过，骗子可不会让你稳中求胜。他们的欺骗手法层出不穷，惯用的套路就是先给投资者画张大饼，告诉投资者这个生意将会多么赚钱，回款周期会有多快。这些"大饼"会让投资者很快做出掏钱的决定。很多投资者甚至会产生借钱投进去的想法，被迷惑的人甚至还会极力地劝身边的人把钱投进去。快速地掏钱，往往就是中招的表现。

而且，现在的骗子已经越来越会包装自己了，他们有真实的注册地址，公司坐落在高档华丽的办公大楼里，公司的老板开着豪车，穿着名牌西服，顶着吓人的头衔。如果投资者有幸见到他们，还会发现他们非常具有亲和力。有些骗子还会说自己的公司即将上市，或者会说公司是某个富豪私生子的产业，总之，各类说辞都有，目的就是迷惑投资者。

面对这些炫目的"招牌"，很多投资者都会傻眼，立刻乖乖就范。因为在人们惯常的印象中，骗子应该是形象猥琐的，他们的行骗场所应该是在阴暗的、见不得光的地方，但现实里，这一切都有可能是反过来的。这些表面文章都是他们为集资敛财所造的势，他们利用的就是人们的势利心理，用人们惯常偏爱的高大上的、华丽的事物迷惑他们。

惠文和老公同是一家外企的同事，老公在行政部，她在人事部。夫妻二人的收入都不低，家庭的经济条件也比较好。不过，转眼女儿就要上小学了，夫妻俩给她选了一家贵族学校，小学六年下来，花费在二十万左右。但为了女儿能有个良好的学习环境，夫妻俩觉得掏这笔钱值得。

不过，以他们的经济状况，拿出这笔钱有一些压力，于是惠文便想到了投资。经熟人介绍她参与了一家保健品工厂的投资。当初，工厂的负责人说，由于资金短缺所以才对外融资，年回报率在30%。惠文和其他一些投资者，还为此去这家工厂观摩了一番。工厂的营业执照、机器设备都十

优雅女人的气质修炼课

分完备，而且往年的财务报表也清晰可查。就这样，惠文和其他投资者，对这家工厂深信不疑，纷纷倾囊而出。工厂与投资者们签订了正式的合同，合同上明确说明投资者每年能获得30%的回款，3年退还本金。

可是让大家没想到的是，刚过了半年，这家工厂就在资金上出现了问题。惠文和其他投资者听闻消息，赶紧上门讨债。工厂的厂长安抚他们说，等工厂度过困境一定会归还他们的本金和利息。可是，三个月之后，等惠文和其他投资者再次上门要债的时候，工厂的相关负责人早已卷铺盖走人了。

畸形回报率的背后往往隐藏着层层陷阱，正如那句老话说的，如果你不对投资回报率抱有一本万利的妄想，就不会上当受骗。所以，只要某个理财产品或投资机构给出的回报率远远高于现有市场上给出的均价，我们就要慎之又慎。

虽然新闻不断曝光诈骗事件，但社会上依然每天都有大批的人被骗。而且现在的骗子真的是让人防不胜防，在这里提醒那些对投资理财经验不足的女性朋友们，一定要时刻警惕那些投资回报率超高的投资项目，天下没有白吃的午餐，如果你没有足够的投资经验，最好还是选择一些相对保险的理财产品为好。

做好家庭中的"财政部长"

走进婚姻的女人们常谈论这样一个问题：婚姻里爱情和面包到底哪个更重要？对于这个问题，相信选择哪一种的人都有。看重感情的人会选择爱情，因为在她们看来，爱才是婚姻的基础，如果没有爱，有再多的面包也是不会幸福的。而看重物质基础的人会选择面包，她们认为，物质是一切的基础，包括感情，如果没有这个做后盾，那爱或许只能变成"空中楼阁"。当然，更多的人认为二者兼而有之才是最完美的。分析一下这三种说法，当然是二而兼而有之最有道理。

现代家庭中，财政大权大多掌握在女人手里。既然婚姻的幸福有一半是掌握在女人手里，那么作为妻子的你，是十分有必要演好家庭"财政部长"这个角色的。

婚姻生活中，有很多女人会发现，自己嫁的这个男人在婚前和婚后好像变了一个模样，尤其是对待金钱方面。结婚前，他似乎很舍得给自己花钱，而结婚后，他却开始变得小气起来。不可否认的是，女人有时候是会根据男人会为自己花多少钱来衡量自己在他心中的位置的，所以，发现他不再像原来那样大方了，就会难免起疑心：难道他不爱我了吗？其实，很多时候事实并非如此。对大多男人来说，结婚前为女人花钱是一种浪漫，而结婚后，有的钱花出去可能就是浪费了。

所以说，夫妻之间，在金钱的处理上如果不能协调好，是很可能会影

优雅女人的气质修炼课

响感情的。由此可见,理财绝对是夫妻经营感情的另外一个渠道,处理得好可以为婚姻美满度加分,反之,则会危及婚姻的稳定,甚至导致婚姻崩盘。其实,家庭理财不外乎吃、穿、用、储、投几个方面,只要掌握其中的窍门,你就会成为一位婚姻中的理财好手。

关于吃的理财方法,要遵循营养搭配,绝不浪费的原则。"民以食为天",这是家庭中的头等大事,绝不能怠慢,"胡吃海喝"和"吃糠咽菜"都不科学,科学的办法是"以人为本",那就是既要美味营养,又要健康安全,当然还要勤俭节约。具体做法是,多研究一些菜谱,买菜时货比三家,烹调时照顾好各人的口味,能做到这些基本就OK了。

关于穿的理财方法,要遵循掏钱之前要"三思"的原则。所谓"三思",第一"思"是到底需不需要,比如你原本已经有几件过冬的毛衣了,那么即使遇到打折或者促销活动,也不要轻易拿出钱包;第二"思"是到底合不合适。人与人的外貌、体形、气质都各不相同,所以不要看见别人穿了一件衣服很漂亮就想自己也买一件,思考一下自己到底适不适合才最重要;第三"思"是时机对不对。换季的时候是挑选衣服的最佳时机,因为这时候很多原来正当季的衣服都大幅打折,你可以趁机买几件早已相中的衣服,而且价钱可能只是平时的一半。

关于用的理财方法,要遵循有"恋旧情结"的原则。如今超市琳琅满目的商品时刻在诱惑着女人,一不留神可能就会买回家一些"有它不多,没它也不少"的东西。作为持家有道的你来说,必须抵抗住这种诱惑,才能真正算得上"修成正果"。所以,一定要坚持"没用的东西坚决不买,有用的东西坚决不扔"这个基本原则。

关于储的理财方法,要遵循储蓄是理财之本的原则。理财专家指出,储蓄是家庭的理财之本。妻子应该对家中所有的资产情况有一个详细的了解,每个月家庭的总收入是多少,各项支出加在一起又有多少,收入减去支出就是盈余，然后从盈余中拿出一部分作为应急备用金，其余全部拿去储蓄，以备后用。

关于投资的理财方法，要遵循多点支撑的原则。"不能把所有的鸡蛋往一个篮子里放"，这是懂得理财的妻子们都很奉行的"篮子理论"。在这种理论的指导下，把存进银行的钱拿出一部分购买一些其他类型的理财工具，比如保险、股票、基金等。至于到底买哪一种，要根据自己的理财能力来慎重选择。

其实，虽然理财方法不同，但其目的都是给家庭建立一项最基本的保障。如果女人能够在婚姻里把这项任务完成得圆满，那么无异于为自己的婚姻筑起了一道坚不可摧的城墙。另外，在理财的过程中，女人们还要不断地充实理财方面的知识，而且也要及时地与老公进行理性的沟通，为你们的目标共同努力。

爱情的目标常常是爱的对象，而婚姻中两个人的目标却是共同创造一种舒适美满的生活。理财有时候也许并不能唤回恋爱时的浪漫，却能让你们幸福甜蜜地携手走过一生。

优雅女人的气质修炼课

经济独立，让女人活得更优雅

女性的独立口号已经喊了几十年，但对女人来说，真正独立却并不是那么容易的。二十世纪现代主义和女性主义的先锋作家弗吉尼亚·伍尔芙曾说："女人要想独立，就要有自己的支票和自己的一间屋。"中国著名作家亦舒也曾说过："如果没有很多很多爱，我希望有很多很多钱。"同样身为女人的你，听到这些话，相信也会十分赞成吧。的确，如果没有经济上的独立，那么女人的独立只能算是"空中楼阁"。

可是，现实生活中，懂得这个道理的女人却不多。好多女人总是在找各种各样的借口为自己的"懒惰"开脱，有的说自己能力有限所以赚不到更多的钱，有的说自己赚的钱已经够花，无须再努力。这些想法都太天真，赚不到钱是因为你不想赚，并不是因为你能力不够；说钱已经够花，只能说明你的生活目标和生活理想都太小。

所以，女人应该明白，钱不只是一堆钞票而已，同时还代表着尊严、权利和自由。所以，在金钱那些看似单纯的数字背后，其实隐藏着有关女人独立的诸多意义。那么，具体来说，经济独立都可以给女人带来哪些实质性的回报呢？

经济独立，可以让女人变得更美。形象的价值在如今已经占据了重要地位，有时候甚至比智慧和知识还重要。所以，如果经济不独立，那么你就只能对着品牌店里的时尚服饰隔窗而叹，你也没有底气站在高级化妆品的柜台前驻足观望，也不会有形象设计师为你服务，当然你也很难再迈进继续教育的课堂，增加你的学识，改变你的气质。但如果你经济独立，这些就都可以做到。

经济独立，女人才能游遍千山万水。生活在现代都市里的人，每天都被学业、事业、家庭压得喘不过气来。长此以往，如果这种压抑得不到合理的宣泄，很可能会日久成疾。如果能够适时去青山绿水之间徜徉一番，那该有多惬意。纵情于天地之间，呼吸着大自然清新的空气，领略山川河流的秀丽，享受心境的片刻宁静与祥和。总之，出去旅游可以给你带来心灵上的放松，让你的灵魂得以涤荡，让你的心胸变得坦坦荡荡。但这一切都需要你有足够的经济能力作为支撑。所以努力赚钱吧，尽快让自己的经济独立起来。那样你才有机会，也才有勇气，大踏步出发！

经济独立，才能让女人有资本帮助需要帮助的人。心地善良的女人心中都充满了爱，她们爱家人，爱朋友，同情弱者，帮助需要帮助的人。然而，人生最大的悲哀，莫过于在你想帮助别人的时候，却突然发现自己能力有限。一个泥菩萨过河——自身都难保的女人，哪有资本去帮助别人呢？即使信誓旦旦，也会被别人看成是夸夸其谈，那该有多悲哀。所以，女人想要奉献一颗爱心之前，就必须让自己变得有实力，那样才能真正做一个能给别人带来帮助和希望，同时也给自己带来快乐的幸福的人！

经济独立，女人才能过上真心想要的生活。每天往来单位与家庭之间，既要辛苦工作，又要费心照顾家庭，相信这是很多职业女性都面临的一种生活状态，其实谁也不想活得这样累，谁都想过上自己理想中的那种生活：生活中能留给自己更多的时间，去喝喝咖啡，去听听音乐，去健健身，去海边吹吹风，去山顶看日出……然而达成这种愿望的前提是要有一定的经济基础，否则这都将很难实现。

经济独立，女人才能真正的独立。相信很多依靠老公来供养的太太们

优雅女人的气质修炼课

都曾深刻体会过"掌心向上"的尴尬,那种降低自尊的感受,想必不会太好受。虽然花老公的钱天经地义,但作为新时代的新女性,如果只满足于仰人鼻息的生活,似乎有些令人遗憾。或许你的老公从不过问你钱都用在了哪里,但是当你只是替自己买了一件衣服或者只是和朋友吃一顿饭的时候,是否也会有一些小小的罪恶感呢?你花的是自己赚来的钱,那感觉或许就大大不同了。

所以,姐妹们,一定要认清金钱的力量!千万不要甘心做那只"金丝笼"里依靠别人生存的小鸟,要做就做那只展翅翱翔、自食其力的天鹅。为了自己,也为了别人,努力赚钱吧,用自己的努力去换取更多的自由和独立,换取更多的幸福和快乐!